Cocos Creator 2.x
游戏开发实战

毛居冬　编著

清華大学出版社
北　京

内 容 简 介

本书由国内资深游戏设计师主笔，结合全国多家院校的课程设置，选用官方及业内典型实例编写而成。全书系统介绍了 Cocos Creator 2.x 引擎在游戏开发领域的应用知识，包括基础综述、数据存取、3D 系统、合图、物理系统、热更新、平台调用、发布项目、性能优化及引擎定制等内容，并结合具体项目案例提高读者的学习效率。通过本书的学习，读者可以全面了解和掌握 Cocos Creator 2.x 在 2D 游戏开发的重要模块和技术要点，提高自己的实践能力，成为一名优秀的程序员，实现制作游戏的梦想。

图书在版编目（CIP）数据

Cocos Creator 2.x 游戏开发实战 / 毛居冬编著 . —北京：清华大学出版社，2021.1

ISBN 978-7-302-57088-2

Ⅰ . ① C… Ⅱ . ①毛… Ⅲ . ①移动电话机—游戏程序—程序设计 Ⅳ . ① TP317.67

中国版本图书馆 CIP 数据核字 (2020) 第 251245 号

责任编辑：张彦青
封面设计：李　坤
责任校对：吴春华
责任印制：杨　艳

出版发行：清华大学出版社

   网　　　址：http://www.tup.com.cn，http://www.wqbook.com
   地　　　址：北京清华大学学研大厦 A 座　　　邮　　编：100084
   社 总 机：010-62770175　　　邮　　购：010-62786544
   投稿与读者服务：010-62776969，c-service@tup.tsinghua.edu.cn
   质 量 反 馈：010-62772015，zhiliang@tup.tsinghua.edu.cn

印 装 者：小森印刷霸州有限公司
经　　销：全国新华书店
开　　本：185mm×260mm　　印　　张：18.25　　字　　数：444 千字
版　　次：2021 年 3 月第 1 版　　印　　次：2021 年 3 月第 1 次印刷
定　　价：78.00元

产品编号：084446-01

前　言

随着游戏终端设备的快速发展，硬件性能的不断升级，游戏引擎也一直进行着技术创新和快速升级，以适应持续变化的市场需求。

Cocos Creator 引擎以内容创作为核心，它简洁小巧、快速直观，包括了 Cocos2d-x 引擎的 JavaScript 实现以及快速开发游戏所需要的各种图形界面工具，是涵盖了从设计、开发、预览、调试到发布整个工作流所需的全功能一体化编辑器，支持发布游戏到 Web、iOS、Android 各类"小游戏"、PC 客户端等平台，真正实现一个平台开发，全平台发布运行。以上种种优势，让它成为目前手机游戏开发的主流引擎之一。

近年来，Cocos 不断完善引擎技术，Cocos Creator 2.x 版本在 Cocos2d-x 基础上实现了彻底脚本化、组件化和数据驱动等特点，对引擎框架进行了全新升级，大幅提升了引擎性能；同时使用 3D 底层渲染器，分隔逻辑层与渲染层，提供了更高级的渲染能力和更丰富的渲染定制空间，为开发者带来前所未有的想象空间，引领开发者进入 2D 游戏创作的全新时代。

目前，Cocos 在全世界拥有 140 万的注册开发者，30 万的月活跃开发者，遍布全球 203 个国家和地区，使用 Cocos 引擎开发的游戏玩家已覆盖全球超过 11 亿。移动游戏的中国市场份额中占比 45%，2018 年 9 月微信小程序 TOP100 中的 35 款游戏作品，有 51% 是使用 Cocos 引擎进行开发的。

本书从游戏开发的实际需求出发，全面系统地介绍了 Cocos Creator 在游戏开发领域的理论基础和实践应用，并根据读者群体不同，采取由浅入深、逐层讲解的思路，不仅适合致力转型的程序员，也同样适合大中专在校生、社会培训人员学习。通过对本书的学习，可以帮助读者系统地掌握 Cocos Creator 游戏开发的实用技术，为进入游戏开发的相关岗位打下坚实的基础。

阅读建议

由于 Cocos Creator 2.x 游戏引擎的编程语言是基于 JavaScript 的，所以一些基础的 JavaScript 知识是必须知道的。如果读者没有任何编程基础，可以先阅读相关 JavaScript 入门类的书籍或者学习本书提供的脚本编程章节，尽可能地对 JavaScript 有一个比较系统的了解。

书中部分章节内容可能较为深入，如果读者一时难以理解，则可以先跳过该内容而阅读后续章节，读完后续章节再回头阅读这部分内容，也许就豁然开朗了。

本书的部分实例提供了素材和源代码，读者在学习的过程中可以参照提供的游戏源代码进行修改，并运行起来，从而加深理解。

本书读者

◆ 零基础的 Cocos Creator 2.x 游戏开发初学者；

◆ Cocos Creator 2.x 自学者；

◆ 系统学习 Cocos Creator 2.x 的程序员；

◆ 巩固和深入理解 Cocos Creator 2.x 基础的程序员；

◆ 开发跨平台手机游戏的人员；

◆ 大中专院校学生和社会培训学员。

本书源代码获取方式

本书提供了部分章节的游戏源代码，方便读者学习，可以通过扫描二维码的方式获取。

本书作者

本书由毛居冬编写。其他参与编写的人员有王振峰、钟景浩、方维新、王俊文、戴顺林、谭玲娇、张强、王新宇等。作者具有多年业内从业经历，拥有多款完整游戏研发及成功上线的实践经验。但百密难免一疏，若读者在阅读本书时发现任何疏漏，希望能及时反馈给我们，以便及时更正和解决问题。

编　者

目　录

第 4 章　存储和读取用户数据 / 058

第 5 章　3D 系统 / 060

第 6 章　合图处理 / 086

第 7 章 物理系统 / 093

第 8 章 热更新管理器 / 117

第 9 章 原生平台调用 / 152

第 14 章　2048 游戏 / 218

第 15 章　飞机大战游戏 / 241

第 16 章　飞刀手游戏 / 263

第 1 章 Cocos Creator 基础综述

1.1 游戏引擎介绍

游戏引擎是指一些已编写好的可编辑计算机游戏系统或者一些交互式实时图像应用程序的核心组件。这些系统为游戏设计者提供各种编写游戏所需的工具，目的是帮助游戏设计者快速便捷地做出游戏程序而不用从零开始。大部分游戏引擎支持多平台操作，如 Windows、Linux、MacOS。通常来说，游戏引擎包含以下系统：渲染引擎（即"渲染器"，含二维图像引擎和三维图像引擎）、物理引擎、碰撞检测系统、音效、脚本引擎、动画系统、粒子系统、网络引擎以及场景管理等。

游戏引擎本质是一个为运行某一类游戏机器设计的能够被机器识别的代码（指令）集合。它像一个发动机，控制着游戏的运行。一个游戏作品可以分为游戏引擎和游戏资源两大部分。游戏资源包括图像、声音、动画等部分，列一个公式就是：游戏＝引擎（程序代码)+资源(图像、声音、动画等)。游戏引擎按游戏设计的要求有序地调用这些资源。

简单来说，利用游戏引擎制作游戏省去了许多重复性的工作，极大地方便了游戏开发者。而且，由于游戏引擎通常拥有较大的用户群体，从而使相互交流变得方便，相关教学资源和素材资源也会很丰富。

目前移动平台游戏引擎主要可以分为 2D 和 3D 引擎。2D 引擎主要有 Cocos2d-iphone、Cocos2d-x、Corona SDK-Construct 2、WiEngine 和 Cyclone 2D；3D 引擎主要有 Unity3D、虚幻引擎（Unreal Engine）、CryEngine 等。此外，还有一些针对 HTML 5 的游戏引擎：Cocos Creator、Cocos Creator 3D、白鹭 Erget 和 LayaBox 等。

这些游戏引擎各有千秋，但是目前得到市场普遍认可的 2D 引擎是 Cocos，3D 引擎是 Unity3D。

1.2 主流游戏引擎介绍

1.2.1 Cosos2d-x 游戏引擎

Cocos2d-x 是一套成熟的开源跨平台游戏开发框架。引擎提供了图形渲染、GUI、音频、网络、物理、用户输入等丰富的功能，被广泛应用于游戏开发及交互式应用的构建。其核心采用 C++ 编写，支持使用 C++、Lua 进行开发。Cocos2d-x 适配 iOS、Android、Windows 和 MacOS 系统，功能侧重于原生移动平台，并向 3D 领域延伸扩展。

1. Cocos2d-x 引擎介绍

（1）优势。

● Cocos2d-x 是 MIT 许可证下发布的一款功能强大的开源游戏引擎。

● 允许开发人员使用 C++、JavaScript 及 Lua 三种语言来进行游戏开发。

● 支持所有常见平台，包括 iOS、Android、Windows、MacOS、Linux。

（2）特性。

● 现代化的 C++ API。

● 立足于 C++，同时支持 JavaScript/Lua 作为开发语言。

● 可以跨平台部署，支持 iOS、Android、Windows、MacOS 和 Linux。

● 可以在 PC 端完成游戏的测试，最终发布到移动端。

● 完善的游戏功能支持，包含精灵、动作、动画、粒子特效、场景转换、事件、文件 IO、数据持久化、骨骼动画、3D。

（3）市场占有。

Cocos2d-x 用户不仅包括个人开发者和游戏开发爱好者，还包括许多知名大公司如 Zynga、Wooga、Gamevil、Glu、GREE、Konami、TinyCo、HandyGames、IGG 及 Disney Mobile 等。

使用 Cocos2d-x 开发的许多游戏占据苹果应用商店和谷歌应用商店排行榜，同时许多公司如触控、谷歌、微软、ARM、英特尔及黑莓的工程师在 Cocos2d-x 领域也非常活跃。

在中国，每一年的手游榜单大作，Cocos2d-x 从未缺席，市场份额占 50% 以上，游戏品类覆盖从轻度休闲、热火棋牌，到横版、SLG、重度 MMO 等市面全品类。一些以 Cocos2d-x 为基础开发出的游戏如图 1-1 所示。

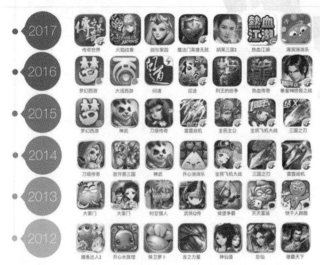

图 1-1

读者可以从官网下载一个正式发布版本，也可以直接从 GitHub 克隆。无论用 C++、JavaScript 还是 Lua 语言进行游戏开发，只需要下载这一个引擎即可。

2. 基本概念

Cocos2d-x 游戏引擎是一种特殊的软件，它提供游戏开发时需要的常见功能；引擎会提供许多组件，使用这些组件能缩短开发时间，让游戏开发变得更简单；专业引擎通常会比自制引擎表现出更好的性能。

Cocos2d-x 提供了许多易于使用的组件，有着更好的性能，还同时支持移动端和桌面端。Cocos2d-x 通过封装底层图形接口提供了易用的 API，降低了游戏开发的门槛，让使用者可以专注于开发游戏，而不用关注底层的技术细节。更重要的是，Cocos2d-x 是一个完全开源的游戏引擎，这就允许用户在游戏开发过程中根据实际需要，定制引擎的功能。如果您想要一个功能但又不知如何修改时，提出这个需求，全世界的开发者可以一起为您完成。

只使用 Cocos2d-x 引擎，就能完成一款游戏的开发，因为 Cocos2d-x 提供了游戏开发所需的一切。

（1）导演 (Director)。

Cocos2d-x 使用导演的概念。这个导演和电影制作过程中的导演一样，控制电影制作流程，指导团队完成各项任务。在使用 Cocos2d-x 开发游戏的过程中，你可以认为自己是执行制片人，告诉导演 (Director) 该怎么办。一个常见的 Director 任务是控制场景替换和转换。Director 是一个共享的单例对象，可以在代码中的任何地方调用。你是你的游戏的导演，你决定着发生什么，何时发生，如何发生。当游戏设计好时，Director 就负责场景的转换。

（2）场景 (Scene)。

在游戏开发过程中，你可能需要一个主菜单，几个关卡和一个结束场景。如何组织所有这些分开的部分？答案是使用场景 (Scene)。一般的电影能观察到它的不同场景或不同故事线，现在我们对游戏开发也应用这个相同的过程。

场景是被渲染器 (Renderer) 画出来的。渲染器负责渲染精灵和其他的对象进入屏幕。

场景图 (Scene Graph) 是一种安排场景内对象的数据结构，它把场景内所有的节点 (Node) 都包含在一个树 (Tree) 上。场景图虽然叫作"图"，但实际是使用一个树结构来表示。

（3）精灵 (Sprite)。

Cocos2d-x 中的精灵可以简单理解为一张可以被控制的图片，所有的游戏都有精灵 (Sprite) 对象、精灵是在屏幕上移动的对象，它能被控制，且在所有游戏中都很重要。

（4）动作 (Action)。

创建一个场景，在场景里面增加精灵只是完成一个游戏的第一步，接下来我们要解决的问题就是，怎么让精灵动起来。动作 (Action) 就是用来解决这个问题的，它可以让精灵在场景中移动，如从一个点移动到另一个点。你还可以创建一个动作序列 (Sequence)

，让精灵按照这个序列做连续的动作，在这个过程中还可以改变精灵的位置、旋转角度、缩放比例，等等。

（5）序列 (Sequence)。

Cocos2d-x 通过序列 (Sequence) 来完成序列动作。顾名思义，序列就是多个动作按照特定顺序的一个排列，当然反向执行这个序列也是可以的。

1.2.2 Cocos Creator 游戏引擎

Cocos Creator 是以内容创作为核心，实现了脚本化、组件化和数据驱动的游戏开发工具。它具备了易于上手的内容生产工作流，以及功能强大的开发者工具套件，可用于实现游戏逻辑和高性能游戏效果。其功能总结如下。

●一体化编辑器：包含了一体化、可扩展的编辑器，简化了资源管理、游戏调试和预览、多平台发布等工作。允许设计师深入参与游戏开发流程，在游戏开发周期中进行快速编辑和迭代。支持 Windows 和 Mac 系统。

● 2D 和 3D：同时支持 2D 和 3D 游戏开发，具有可满足各种游戏类型特定需求的功能。并且深度优化了纯 2D 游戏的编辑器使用体验和引擎性能，内置了 Spine、DragonBones、TiledMap、Box2D、Texture Packer 等 2D 开发中间件的支持。

●开源引擎：Cocos Creator 的引擎完全开源，并且保留了 Cocos2d-x 高性能、可定制、容易调试、易学习、包体小的优点。

●跨平台：Cocos Creator 深度支持各大主流平台，游戏可以快速发布到 Web、iOS、Android、Windows、Mac 以及各个小游戏平台。在 Web 和小游戏平台上提供了纯 JavaScript 开发的引擎运行时，以获得更好的性能和更小的包体。在其他原生平台上则使用 C++ 实现底层框架，提供更高的运行效率。

●支持 JavaScript：可以使用 JavaScript 开发游戏，在真机上进行快速预览、调试，对已发布的游戏进行热更新。同时支持 TypeScript。

●高效的工作流程：Cocos Creator 预制件是预配置的游戏对象，可提供高效而灵活的工作流程，让设计师自信地进行创作工作，而无须担忧。

●支持 UI：内置的 UI 系统能够快速、直观地创建用户界面。

●自定义工具：可以借助各种工具扩展编辑器功能匹配团队工作流程。创建或添加自定义的插件，也可在插件商店中找到所需资源。插件商店中有上百种项目的范例、工具和插件。

1.Cocos Creator 工作流程说明

在开发阶段，Cocos Creator 能够为用户带来巨大的效率和创造力提升，但 Creator 工作流不仅限于开发层面。对于成功的游戏来说，开发和调试、商业化 SDK 的集成、多平台发布、测试、上线这一整套工作流程不光缺一不可，而且要经过多次的迭代重复。工作流程如图 1-2 所示。

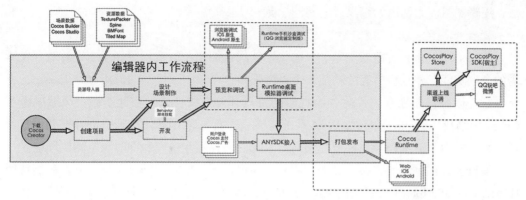

图 1-2

（1）创建或导入资源。

将图片、声音等资源拖曳到编辑器的资源管理器中，即可完成资源导入。此外，也可以在编辑器中直接创建场景、动画、脚本、粒子等各类资源。

（2）建造场景内容。

项目中有了一些基本资源后，我们就可以开始搭建场景了。场景是游戏内容最基本的组织方式，也是向玩家展示游戏的基本形态。

我们通过场景编辑器添加各类节点，负责展示游戏的美术音效资源，并作为后续交互功能的承载。

（3）添加组件脚本，实现交互功能。

我们可以为场景中的节点挂载各种内置组件和自定义脚本组件，来实现游戏逻辑的运行和交互，包括从最基本的动画播放、按钮响应，到驱动整个游戏逻辑的主循环脚本和玩家角色的控制，几乎所有游戏逻辑功能都是通过挂载脚本到场景中的节点来实现的。

搭建场景和开发功能的过程中，可以随时通过预览来查看当前场景的运行效果。使用手机扫描二维码，可以立即在手机上预览游戏。当开发告一段落时，通过构建发布面板可以一键发布游戏到桌面、手机、Web 等多个平台。

2. 功能特性

Cocos Creator 功能上的突出特色如下。

●脚本中可以轻松声明在编辑器中调整的数据属性，对参数的调整可以由设计人员独立完成。

●支持智能画布适配和免编程元素对齐的 UI 系统可以完美适配任意分辨率的设备屏幕。

●专为 2D 游戏打造的动画系统，支持动画轨迹预览和复杂曲线编辑功能。

●动态语言支持的脚本化开发，使得动态调试和移动设备远程调试变得异常轻松。

●借助 Cocos2d-x 引擎，在享受脚本化便捷开发的同时，还能够一键发布到各类桌面和移动端平台，并保持原生级别的超高性能。

●脚本组件化和开放式的插件系统为开发者在不同深度上提供了定制工作流的方

法，编辑器可以大幅度调整以适应不同团队和项目的需要。

3. 架构特色

Cocos Creator 包含游戏引擎、资源管理、场景编辑、游戏预览和发布等游戏开发所需的全套功能，并且将所有的功能和工具链都整合在了一个统一的应用程序里。

它是以数据驱动和组件化作为核心的游戏开发方式，并且在此基础上无缝融合了Cocos 引擎成熟的 JavaScript API 体系，能够一方面适应 Cocos 系列引擎开发者用户习惯，另一方面为美术和策划人员提供前所未有的内容创作生产和即时预览测试环境。

编辑器在提供强大完整工具链的同时，还提供了开放式的插件架构，开发者能够用HTML＋JavaScript 等前端通用技术轻松扩展编辑器功能，定制个性化的工作流程。

Cocos Creator 的技术架构如图 1-3 所示。

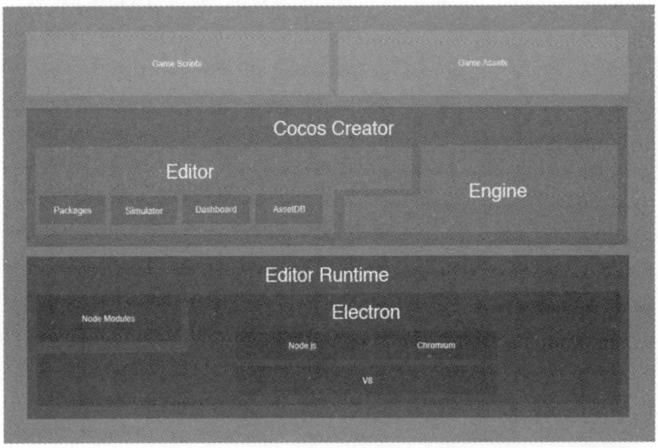

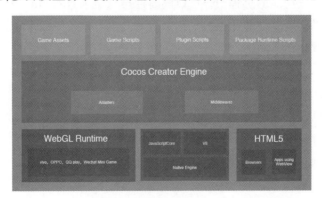

图 1-3

如图 1-4 所示可以看出，编辑器是由 Electron 驱动再结合引擎所搭建的开发环境，引擎则负责提供许多开发上易于使用的组件和适配各平台的统一接口。

图 1-4

引擎和编辑器的结合，带来的是数据驱动和组件化的功能开发方式，以及设计和程序两类人员的完美分工合作。

●设计师在场景编辑器中搭建场景的图像表现。

●程序员开发可以挂载到场景任意物体上的功能组件。

● 设计师负责为需要展现特定行为的物体挂载组件，并通过调试改善各项参数。

● 程序员开发游戏所需要的数据结构和资源。

● 设计师通过图形化的界面配置好各项数据和资源。

以工作流为核心的开发理念，让不同职能的开发者能够快速找到最大化自己作用的工作切入点，并能够默契流畅地和团队其他成员配合。

4. 使用说明

Cocos Creator 是一个支持 Windows 和 Mac 跨平台运行的应用程序，双击即可启动运行。相比传统的 Cocos2d-x 工作流程，它取消了配置开发环境的过程，运行之后就可以立刻开始游戏内容创作或功能开发。

在数据驱动的工作流基础上，场景的创建和编辑是游戏开发的中心，不管是美术、策划还是程序员，都可以在生产过程的任意时刻使用预览功能，在浏览器、移动设备模拟器或移动设备真机上测试游戏的最新状态，实现设计工作同步进行，无缝协作。

设计人员现在可以实现各式各样的分工合作，不管是先搭建场景再添加功能，还是先生产功能模块再由设计人员进行组合调试，Cocos Creator 都能满足开发团队的需要。脚本中定义的属性能够以最适合的视觉体验呈现在编辑器中，为内容生产者提供便利。

场景之外的内容资源可以由外部导入，比如图片、声音、图集、骨骼动画等。此外，还在不断完善编辑器生产资源的能力，包括目前已经完成的动画编辑器，美术人员可以使用这个工具制作出非常细腻、富有表现力的动画资源，并可以随时在场景中看到动画的预览。

最后，开发完成的游戏可通过图形工具一键发布到各个平台。

5.Cocos Creator 2.x 版本

Cocos Creator 2.0 的核心目标有两点：大幅提升引擎性能，提供更高级的渲染能力和更丰富的渲染定制空间。为完成目标，官方重写了底层渲染器，从结构上保障了性能提升和渲染能力升级。同时为了保障用户项目平滑升级，几乎没有改动组件层的 API。Creator 1.x 的开发者可以通过升级指南、文档和 deprecation 信息等，相对平滑地升级，告别三转二和帧动画特效，进入 2D 游戏创作的新时代。Cocos Creator 2.0 框架如图 1-5 和图 1-6 所示。

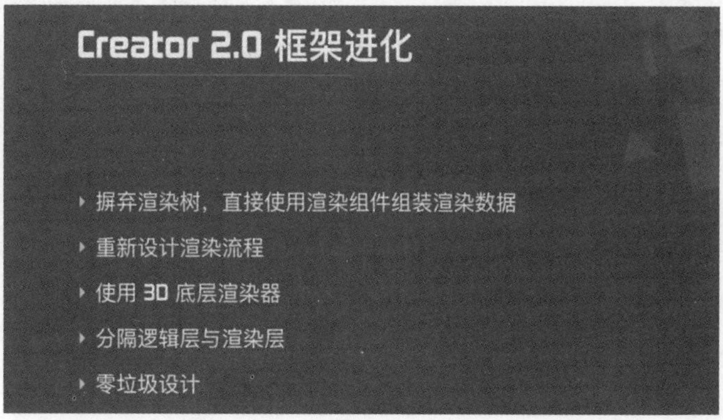

Creator 2.0 框架进化

▸ 摒弃渲染树，直接使用渲染组件组装渲染数据

▸ 重新设计渲染流程

▸ 使用 3D 底层渲染器

▸ 分隔逻辑层与渲染层

▸ 零垃圾设计

图 1-5

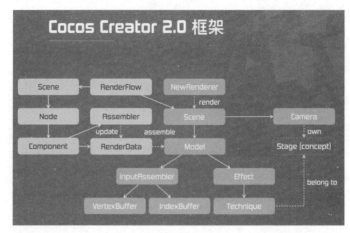

图 1-6

● 2.0 版本彻底移除了渲染树，由逻辑树中的节点和组件直接生成渲染数据，对于节点树的操作和节点状态的修改，都是低损耗的。如果有任何节点需要临时屏蔽，可以直接操作 active 状态，增删节点也不会造成额外的性能消耗。

● 2.0 版本升级了基础渲染器为 3D 渲染器，提供更加强大的高级渲染能力，在表现力上给予 2D 游戏更广阔的想象空间，开发者可以创造出从前无法想象的游戏画面。

● 2.0 版本中渲染器不需要任何节点和组件层的信息，只需要交互层数据对象就可以完成所有的渲染工作，逻辑和渲染隔离前所未有的清晰。

● 零垃圾设计：在 2.0 的框架开发过程中，非常重视内存管理，深度使用预分配的对象池，尽一切可能将引擎内部的内存开销降到最低，实现了渲染过程中极低的内存占用。如图 1-7 和图 1-8 展示的是一万个保持运动的精灵，渲染过程中产生的内存，每帧不超过 5Kb，并且都可以被及时回收。

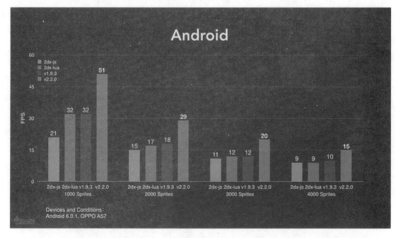

图 1-7

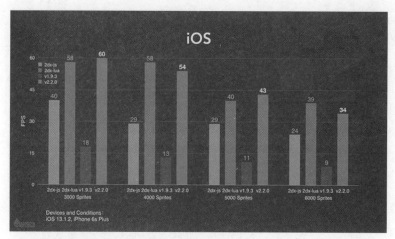

图 1-8

● 2.1 版本中开始支持 3D 游戏的设计。

1.2.3　Cocos Creator 3D 游戏引擎

Cocos Creator 3D 是在 Cocos Creator 基础之上全面升级而来的纯 3D 游戏编辑器。秉承着 Cocos 一贯的低成本、低门槛、高性能、跨平台等产品特性，这款全新的一体化 3D 游戏编辑器旨在成为开发者创作 3D 游戏的新选择。适合中小规模 3D 游戏团队以及资源有限的独立团队，能将自己的游戏跨原生、Web、小游戏等平台。

编辑器全面升级，包括全新的界面设计，更加简洁清晰；新资源系统，增强对大项目的支持；更清晰的模块隔离，保障稳定性。

便利的编辑器体验，包括 Camera 预览面板；资源缩略图面板；动画编辑器可以直接编辑粒子和模型材质属性；支持压缩纹理；自动合图功能；自动合并 JSON，缩减包体。

完善的功能特性如图 1-9 所示。

图 1-9

性能与框架如下。

●多渲染后端框架，已支持 WebGL 1.0 和 WebGL 2.0。

●面向未来的底层渲染 API 设计。

●基于 Command Buffer 提交渲染数据。

●高性能 HDR 渲染。

●超高效的 GPU Driven 骨骼动画。

Cocos Creator 3D 编辑界面如图 1-10 所示。

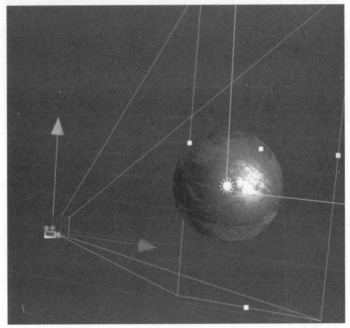

图 1-10

Cocos Creator 3D 的语法格式不同于 Cocos Creator，已全面支持 ES6 和 TS，因此在 Cocos Creator 3D 上只支持 ES6 和 TS 的类。此外，Cocos Creator 3D 还支持了 TS 的语法提示。

1.2.4 LayaBox H5 游戏引擎

Layabox 是搜游网络科技（北京）有限公司打造的中国游戏引擎提供商品牌，旗下第二代引擎 LayaAir 是基于 HTML 5 协议的开源引擎，性能与 3D 是引擎的核心竞争力。同时支持 ActionScript3、JavaScript、TypeScript 三种开发语言，并且支持一次开发同时发布 App（安卓与 iOS）、HTML 5、微信小游戏、QQ 玩一玩等多个平台的游戏引擎。除支持 2D、3D、VR、AR 的游戏开发外，引擎还可以用于应用软件、广告、营销、教育等领域。

旗下还拥有 LayaAirIDE 等开发工具链，支持开发者可视化编辑 UI、动画、代码编写、打包、多平台发布等，为开发者提供丰富的开发与支撑工具。

公司创始人谢成鸿是 2000 年成立的页游平台"可乐吧"的创始人，拥有长达 18 年的引擎开发经验。当前，腾讯、三七互娱、蓝港互动、蝴蝶互动、君海游戏、仙海网络、互爱互动、Forgame、明朝互动、第七大道、电魂网络等大型游戏企业纷纷采用 Layabox 引擎开发游戏产品。

丰富的第三方支持引擎工具包括 Unity3D、3DMax、FairyGUI、DragonBones、Spine、TiledMap、Flash Builder、FlashDevelop、Adobe FlashCS、HBuilder、WebStorm、VS Code 等。

1. 什么是 HTML5

（1）狭义的 HTML 5。

在程序员眼中，HTML 5 是超文本标记语言（HTML）第五次重大修改的新标准，该标准历经 8 年的艰苦努力，万维网联盟于 2014 年 10 月 29 日宣布制定完成。在此之前的几年时间里，已经有很多开发者陆续使用了 HTML 5 的部分技术，Firefox、Google Chrome、Opera、Safari 4+、Internet Explorer 9+ 都已支持 HTML 5。

（2）广义的 HTML 5。

在更多的人眼里，HTML 5 指的是一种基于浏览器的网页技术产品，是一种无须下载安装，单击即用（玩）的网页产品或游戏。通常 HTML 5 被简称为 H5，尽管有很多人并不认为 HTML 5 与 H5 是一回事，但把 HTML 5 简称为 H5 占据了媒体与 HTML 5 从业者的主流。

（3）火热的小游戏。

2018 年，微信小游戏爆发了，这不仅使千万和亿级别的月流水产品的出现，更多的表现是开发者疯狂涌入与产品的高速增长，同时还带动了靠广告收费的流量变现游戏盈利模式的发展，让大多数不擅长在游戏内购上盈利的开发者可以拥有一个专心做出好玩游戏，只要获得广大玩家认可就能实现流量变现的机会。另外，它还刺激了百度、手机 QQ、小米、OPPO、vivo 等其他主流平台加入小游戏的阵营中来，可谓非常火热。

但是，小游戏是 H5 吗？非也。

虽然小游戏也有着即点即玩与无须下载安装的特性，也兼容了大部分 Canvas 和 Webgl 接口，但是，它并不是标准的 HTML 5。比如，微信小游戏的运行环境并不是浏览器，也不能在浏览器中运行，而是运行于微信 App 中的 Runtime。

不过，LayaAir 引擎可以适配这些小游戏平台，目前已拥有了微信小游戏的适配库、百度小游戏的适配库、QQ 轻游戏的适配库等，所以开发者使用 LayaAir 引擎，不仅可以开发 HTML 5 游戏，还可以发布为 App 游戏（LayaAir 引擎），更可以适配各种小游戏平台。

2. HTML 5 游戏的机会与前景

（1）行业前景。

在 PC 上，Flash 已经停止更新维护，HTML 5 已成为新的主流标准。

在移动设备上，HTML 5 游戏或者说是小游戏已经火得一塌糊涂，各平台的流量入口已纷纷打开，并被作为新的战略目标。

尤其是采用 LayaAir 引擎的 HTML 5 游戏，还可以发布成为 App 安卓 APK 包，或者是上架 iOS 的 appStore。而且，5G 时代的到来，网速的加快，会解决 HTML 5 的加载弊端，却具有不跳出流量 App 的优势，它自然会受到更多流量平台的欢迎。

总之，HTML 5 已经火了，未来会更火。

（2）HTML 5 技术的职业前景。

HTML 5 一次开发、多平台发布的优势，是开发者从 App 游戏技术转型到 HTML 5 技术的重要原因之一。

小游戏市场的火热，各流量平台的进入也是另一个重要原因。

总之，种种原因导致了大量的 HTML 5 游戏人才的缺口。

3. HTML 5 游戏的机会与前景

（1）Layabox 的前世。

2003 年，Layabox 创始人谢成鸿将国内三大休闲娱乐平台之一的"可乐吧"卖给清华同方后，创立了 3D 端游研发公司"中娱在线"。Layabox 公司成立时，技术骨干均来自从事 3D 端游多年的引擎核心成员，部分成员从业时间长达 10 多年。深厚的引擎技术积累为 Layabox 的高速发展奠定了基础。

2011 年底，谢成鸿成立 LAYA 实验室，开始研究可同时发布 App 和 HTML 5 的通用型引擎，并分别在 2012 年推出行业首款同屏多人实时交互对战的休闲对战类大型 HTML 5 游戏《疯狂雪球》，2013 年推出行业首款 HTML 5 与 App 同时发行的策略类卡牌大型 HTML 5 游戏《上吧主公》（曾用名《三国喵喵传》，如图 1-11 所示），并取得不错的商业成绩。2014 年，完成首款重度动作类 HTML 5 游戏《猎刃 2》的测试版，力证 HTML 5 游戏技术与品质表现力已达到 App 精品水准。

图 1-11

无论是 3D 端次世代引擎的积累，还是多年 HTML 5 与 App 跨平台大型游戏引擎的积累，都为 Layabox 的成立与爆发奠定了深厚的基础。

（2）Layabox 的今生。

Layabox 是搜游网络科技（北京）有限公司打造的引擎服务商品牌，是中国三大 HTML 5 引擎品牌之一。

搜游网络（Layabox）成立于 2014 年，旗下的开源引擎产品 LayaAir 已拥有 60 余万全球开发者，是 HTML 5 与小游戏领域的 3D 龙头引擎，该领域的中国市场占有率达 90%。

作为技术领航的引擎企业，众多知名企业及上市企业纷纷采用 LayaAir 引擎作为首选引擎，这些企业有腾讯、阿里巴巴、美团、网易、三七互娱、完美世界、掌趣、电魂网络、蓝港、光宇游戏、金科文化、猎豹移动、第七大道、第九城市、精锐教育等。

自 2018 年微信小游戏推出以来，休闲小游戏时代来临，国内外知名流量平台相继携手 Layabox 建立深入的合作伙伴关系，推进小游戏时代的发展，这些已合作的平台有微信、手机 QQ、百度、小米、OPPO、vivo、支付宝、Bilibili、Facebook。

当前，Layabox 正着力于全民创意平台及工具的推进，目标是解放创意，让全球每一个有创意的人，无须学习编程即可高效快速进行游戏互动产品的制作、寓教于乐的教育互动产品的制作（功能性游戏），以及教育课件与创意广告等创作方向的便捷实现。

在行业美誉度方面，Layabox 获得了《HTML 5 产业贡献奖》《最佳引擎奖》《游戏行业贡献奖》等众多奖项。公司拥有多项软件著作权及技术专利。

4. LayaAir 功能介绍

LayaAir 引擎主要包括引擎库与 LayaAir IDE 两大核心部分，LayaCloud 与 LayaNative 是引擎的生态组合部分。

（1）LayaAir 2.0 引擎库功能。

LayaAir 2.0 引擎不仅保持了 1.0 的原有功能，比如：精灵、矢量图、文本、富文本、位图字体、动画、骨骼、音频与视频、滤镜、事件、加载、缓动、时间、网络、UI 系统、物理系统、TiledMap、protocol 等 API；还新增内置了 box2d 物理引擎、组件化支持，以及 150 多款 3D 功能。新增的主要官方材质包括 PBRStandardMaterial、PBRSpecularMaterial 以及 UnlitMaterial 材质等。

纹理方面，增加多种纹理参数配置 (mipmap、format、wrapModeU、wrapModeV、filterMode、anisoLevel)，增加纹理上传像素接口，GPU 纹理压缩。

动画方面，新增 Animator 动画融合功能 crossFade，新增动画多层混合播放，动画更新机制调整为实时插值，大幅减少内存和动画流畅度表现，新增多种材质属性动画。

支持开发 2D、3D、VR 的产品研发，支持 Canvas 与 WebGL 模式，支持同时发布为 HTML 5、Flash、App（iOS、安卓）微信小游戏，QQ 玩一玩多种版本。

（2）LayaAir2.0 IDE 功能。

LayaAir 2.0 IDE 主要包括项目管理、代码开发编辑器、可视化编辑器、第三方工具链支持工具等。

其中主要功能包括：代码开发、UI 与场景编辑器、场景管理（2.0 新增）、粒子编辑器、动画编辑器、物理编辑器（2.0 新增）、组件化支持（2.0 新增）、3D 支持（2.0 新增）、LayaCloud 项目支持（2.0 新增）、脚本扩展、预设、App 打包、JS 混淆与压缩、第三方工具链转换工具（Unity3D、TiledMap、Spine、龙骨等）。

Laya 2.0 IDE 兼容 LayaAir 1.x 版本的写法，在 2D 项目中，可以不需要太大的改动即可把原有项目升级到 2.0 引擎（升级前建议备份）。

Laya 2.0 IDE 采用挂载组件脚本与场景管理的方式进行开发，在 IDE 中编辑场景与页面组件，通过添加脚本的方式，使项目开发更利于程序、美术、策划的协同工作，并且对初次接触 Laya 的开发者来说，更易于上手，开发方式更友好。

（3）LayaNative 功能。

LayaNative 是 LayaAir 引擎针对移动端原生 App 的开发、测试、发布的一套完整的开发解决方案，但不局限于 LayaAir 引擎。LayaNative 以 LayaPlayer 为核心运行时的基础上，利用反射机制、渠道对接方案提供让开发者在原生 App 上进行二次开放和渠道对接，并提供测试器、构建工具，为开发者将 HTML 5 项目打包、发布成原生 App 提供便利。

LayaNative 2.0 经过代码重构，性能对比 1.0 版本有很大的提高。

对比 LayaNative 1.0 见表 1-1。

表 1-1

	2D	3D
Android	提高 10%	提高 90%
iOS	提高 13%	提高 270%

对比国内其他通用 Runtime 引擎见表 1-2。

表 1-2

	2D	3D
Android	提高 85%	提高 90%
iOS	提高 240%	提高 270%

（4）在扩展方面。

① LayaNative 2.0 支持单线程和双线程两种模式，开发者根据自己项目的实际测试结果，决定选择使用哪种模式。

●单线程模式：JS 和 Render 运行在一个线程中。

优点：操作无延迟（例如 touch、按键）。

缺点：性能不如双线程模式。

●双线程模式：JS 和 Render 运行在各自的线程中。

优点：性能比单线程版本高。

缺点：操作会有半帧，最大到一帧的延迟（例如 touch、按键）。

②支持显卡纹理压缩，不仅提高渲染效率，还能减少显存的占用。

③优化的二次开发，更容易理解，方便开发者使用。

（5）在易用性方面，提供更方便的调试功能。

① Android 平台可以真机调试 JavaScript。

在 LayaNative 1.0 版本中，要调试项目中的 JavaScript 代码，只能调用 console.log 或者 alert 函数。在 LayaNative 2.0 版本中正式支持使用 Chrome 浏览器调试 JavaScript 代码。可以在 Chrome 的调试器里对代码进行断点的添加、代码追踪等功能。

②测试 App 支持扫码启动项目。

为了让开发者能够更快地调试开发，新版本的测试 App 添加了扫码启动 App 的功能，免去了调试时需要手工输入 URL 的麻烦。

（6）LayaCloud 功能。

LayaCloud 是 2.0 推出的一套云服务解决方案，为开发者提供用户认证（登录或授权等）、服务器数据存取与读取、房间创建与管理、对战匹配、房间内广播、帧同步等基础服务。开发者不必关心服务器的部署与负载等，通过 LayaCloud 提供的 API 接口，可以直接使用前端开发语言轻松快速地实现联网游戏。当面对复杂的服务端需求时，开发者也可以在客户端通过编写配置文件和服务端逻辑脚本，实现 LayaCloud 基础 API 未能提供的功能或者其他的游戏业务逻辑。

1.2.5　白鹭 (Egret) 游戏引擎

白鹭（Egret）是北京白鹭时代信息技术有限公司（简称白鹭科技）开发的一套 HTML 5 游戏开发解决方案，产品包含 Egret Engine、Egret Wing、EgretVS、Res Depot、Texture Merger、TS Conversion、Egret Feather、Egret Inspector、DragonBones 和 Lakeshore 等。而核心产品是 Egret Engine，是一个基于 TypeScript 语言开发的 HTML 5 游戏引擎，其余的大多是开发和辅助工具。

白鹭引擎为开发者提供移动端游戏开发一站式解决方案，并建立包含核心渲染引擎 2D/3D、游戏开发工具、创意动画工具、资源工具、原生打包方案等全球首个 HTML 5 完整工作流，帮助全球 25 万＋活跃开发者高效开展工作。在 2014—2018 年期间，遍布于全球的 25 万活跃开发者利用白鹭引擎打造出了多款商业化作品，如《围住神经猫》《愚公移山》《传奇世界 H5》《御天传奇》《萌犬变变变》《封神单机》等。首款月流水过亿的 H5 游戏《传奇来了》、首款月流水过亿的微信小游戏《海盗来了》等众多成功案例均采用白鹭引擎技术研发。

白鹭科技 2014 年 2 月创立于北京，曾先后获得顺为资本、深创投和经纬创投等机构的多轮投资。作为 HTML 5 领域的技术和服务提供商，致力于为移动互联网全行业提供技术解决方案与服务。为更好地推动 HTML 5 游戏产业的全面发展，白鹭科技以技术为核心，从开发工具、游戏自研、游戏发行、广告、开发者人才培训等多个维度，全面打造移动游戏服务生态。

白鹭科技完整的游戏解决方案，已服务于游戏、应用、营销、教育、AR/VR 等全球多元领域，目前应用白鹭引擎开发的游戏已登录微信、QQ、Facebook、Line、KakaoTalk 等社交平台。目前白鹭全球活跃开发者超 350000 人，并与小米、360、腾讯、百度、猎豹、微软等数百家公司达成了深度合作。

白鹭引擎运行案例如图 1-12 所示。

图 1-12

1.2.6 Unity 3D 游戏引擎

1.Unity 3D 简介

Unity 3D 是由 Unity Technologies 开发的一个让玩家轻松创建诸如三维视频游戏、建筑可视化、实时三维动画等类型互动内容的多平台的综合型游戏开发工具，是一个全面整合的专业游戏引擎。Unity 类似于 Director，Blender game engine，Virtools 或 Torque Game Builder 等利用交互的图形化开发环境为首要方式的软件。其编辑器可运行在 Windows、Linux(目前仅支持 Ubuntu 和 Centos 发行版)、Mac OS X 下。

2.Unity 3D 的特色

Unity 3D 游戏开发引擎目前之所以炙手可热，与其完善的技术以及丰富的个性化功能密不可分。

Unity 3D 游戏开发引擎易于上手，降低了对游戏开发人员的要求。下面对 Unity 3D

游戏开发引擎的特色进行阐述。

（1）跨平台。

游戏开发者可以通过不同的平台进行开发。游戏制作完成后，游戏无须任何修改即可直接一键发布到常用的主流平台上。

Unity 3D 游戏可发布至 Windows、Mac、Linux、iOS、tvOS、Android、Xbox One、PS4、WebGL、Facebook 等平台。跨平台开发可以为游戏开发者节省大量时间。

以往游戏开发中，开发者要考虑平台之间的差异，比如屏幕尺寸、操作方式、硬件条件等，这样会直接影响到开发进度，给开发者造成巨大的麻烦，Unity 3D 几乎为开发者完美地解决了这一难题，将大幅度减少移植过程中不必要的麻烦。

（2）综合编辑。

Unity 3D 的用户界面具备视觉化编辑、详细的属性编辑器和动态游戏预览特性。Unity 3D 创新的可视化模式让游戏开发者能够轻松构建互动体验，当游戏运行时可以实时修改参数值，方便开发，为游戏开发节省大量时间。

（3）资源导入。

项目可以自动导入资源，并根据资源的改动自动更新。Unity 3D 支持几乎所有主流的三维格式，如 3ds Max、Maya、Blender 等，贴图材质自动转换为 U3D 格式，并能和大部分相关应用程序协调工作。

（4）一键部署。

Unity 3D 只需一键即可完成作品的多平台开发和部署，让开发者的作品在多平台呈现。

（5）脚本语言。

Unity 3D 集成了 MonoDeveloper 编译平台，支持 C# 脚本语言。

（6）联网。

Unity 3D 支持从单机应用到大型多人联网游戏的开发。

（7）着色器。

Unity 3D 着色器系统整合了易用性、灵活性、高性能。

（8）地形编辑器。

Unity 3D 内置强大的地形编辑系统，该系统可使游戏开发者实现游戏中任何复杂的地形，支持地形创建和树木与植被贴片，支持自动的地形 LOD、水面特效，尤其是低端硬件亦可流畅运行广阔茂盛的植被景观，能够方便地创建游戏场景中所用到的各种地形。

（9）物理特效。

物理引擎是模拟牛顿力学模型的计算机程序，其中使用了质量、速度、摩擦力和空气阻力等变量。Unity 3D 内置 NVIDIA 的 PhysX 物理引擎，游戏开发者可以用高效、逼真、生动的方式复原和模拟真实世界中的物理效果，例如碰撞检测、弹簧效果、布料效果、重力效果等。

（10）光影。

Unity 3D 提供了具有柔和阴影以及高度完善的烘焙效果的光影渲染系统。

使用 Unity3D 开发的《Moba》游戏画面如图 1–13 所示。

图 1–13

1.2.7 虚幻游戏引擎

1. 虚幻引擎简介

虚幻引擎是全球最开放、最先进的实时 3D 创作平台。经过持续的改进，它已经不仅仅是一款殿堂级的游戏引擎，还能为各行各业的专业人士带去无限的创作自由和空前的掌控力。无论是前沿内容、互动体验还是沉浸式虚拟世界，虚幻引擎基本都可以支持。

虚幻引擎 4 是由游戏公司 EPIC 开发的虚幻引擎的最新版本，是一个面向下一代游戏机和 DirectX 9 个人电脑的完整的游戏开发平台，提供了游戏开发者需要的大量的核心技术、数据生成工具和基础支持。

虚幻引擎是一套完整的开发工具，面向任何使用实时技术工作的用户。从设计可视化和电影式体验，到制作 PC、主机、移动设备、VR 和 AR 平台上的高品质游戏，虚幻引擎能提供起步、交付、成长和脱颖而出所需的一切。

2. 虚幻引擎功能

（1）管道集成。

无缝数据转换。可以将整个场景，包括动画和元数据，从 3ds Max、Revit、SketchUp Pro、Cinema4D、Rhino、 SolidWorks、 Catia 和其他各种 DCC、 CAD 和 BIM 格式进行高保真转换。非破坏性的再导入意味着可以继续在源数据包中进行迭代，而不会损失下游更改。

FBX、USD 和 Alembic 支持。通过对 FBX、USD 和 Alembic 等业界标准的支持，连通媒体生产管道。一流的 USD 支持使用户能够更好地与团队成员协作和并行工作。虚幻引擎不需要费时的完整导入过程就可以从磁盘上的任何位置读取 USD 文件，并将更改回写到该文件，覆盖原内容；重新加载 USD 有效负载，就可立即更新上游其他用户所做的更改。

（2）世界场景构建。

虚幻编辑器。虚幻引擎包含虚幻编辑器，这是一套集成式的开发环境，可用于在 Linux、MacOS 和 Windows 上创作内容。借助对多用户编辑的支持，美术师、设计师和开发人员可以安全而可靠地同时对同个虚幻引擎项目进行更改，而在 VR 模式下运行完整虚幻编辑器的功能，意味着你可以在所见即所得的环境中构建 VR 应用。

可伸缩的植被。使用草地工具，在大型户外环境上自动覆盖不同类型的花草、小块岩石或其他网格体，并使用模拟森林多年生长过程的程序性植被工具创建充满不同种类树木和灌木的巨大森林。

资源优化。为了改进实时性能而准备和优化复杂模型可能是费时费力的事情，往往需要多轮重复工作。虚幻引擎提供了多种工具，例如自动 LOD（细节水平）生成，消除隐藏表面和不必要细节的包壳和特征清除工具，以及将多个网格体及其材质合并为单一网格体和材质的代理几何体工具。

（3）动画。

角色动画工具。使用虚幻引擎的网格体和动画编辑工具，全面定制角色并打造令人信服的动作，这些工具包含强大的功能，例如状态机、混合空间、正向和逆向运动学、物理驱动的布娃娃效果动画，以及同步预览动画的功能。可编制脚本的骨架绑定系统，提供实现程序性骨架绑定、引擎内动画、设置自定义再定位或全身 IK 解决方案的方法。

动画蓝图。使用动画蓝图可创建和控制复杂的动画行为。动画蓝图是专用蓝图，它控制骨架网格体的动画。你可在动画蓝图编辑器中编辑动画蓝图图表（如执行动画混合，直接控制骨架的骨骼，或设置逻辑来定义每帧要使用的骨架网格体的最终动画姿势）。

Sequencer。由影视行业专家设计的 Sequencer 是一款完整的非线性、实时动画编辑工具，专为多人协同工作而生，能够释放设计者的创作潜能。它能以镜头为单位逐一定义和修改光照、镜头遮挡、角色以及布景。整个美术团队能够以前所未有的方式同时加工整个序列。

（4）渲染、光照和材质。

前向渲染。前向着色渲染器提供更快的基线和渲染通道，这可以在 VR 平台和以任天堂 Switch 为代表的某些主机上实现更好的性能。对多重采样抗锯齿的支持也会给 VR 应用程序带来帮助，因为在这类应用程序中如果使用临时抗锯齿，头部跟踪引入的持续亚像素运动会产生令人讨厌的模糊。

实时进行逼真的光栅化和光线追踪。通过虚幻引擎基于物理的光栅化器和光线追踪器，立等可取地实现好莱坞级品质的视觉效果。用户可以自由选择光线追踪反光、阴影、半透明、环境光遮蔽、基于图像的光照和全局光照，同时继续对其他通道进行光栅化处理，从而以你需要的性能获得精细、准确的效果。这些效果包括来自范围光源的动态柔和阴影，以及来自 HDRI 天空光照的光线追踪光源。

（5）游戏性和交互性编写。

先进的人工智能 (AI)。使用虚幻引擎的玩法框架和人工智能系统，通过蓝图或行为树的控制，使 AI 控制的角色对其周边场景有更好的空间意识，并进行更聪明的运动。动态的寻路网格体会在移动对象时实时更新，始终能找到最佳路线。

（6）专业的视频 I/O 支持和播放。

虚幻引擎在多种 AJA 视频系统和 Blackmagic 卡上支持高位深度和高帧率的 4K UHD 视频与音频 I/O，从而可将 AR 和 CG 图形集成到实时广播传输中。对时间码和同步锁相的全面支持确保了在多种不同的视频馈送和信号处理设备之间实现同步。

（7）平台支持和便捷工具。

多平台开发。使用虚幻引擎，用户可以在各种台式机、主机和移动平台上交付内容，包括使用 Windows、MacOS 和 Linux 系统的 PC，PlayStation 4、Xbox One 和任天堂 Switch，以及 iOS 和 Android 移动设备。

VR、AR 和 MR (XR) 支持。虚幻引擎依靠与 Oculus VR、SteamVR、Google VR、Magic Leap、Windows Mixed Reality、ARKit 和 Hololens 2 等流行平台的原生集成，提供用于创建虚拟现实 (VR)、增强现实 (AR) 和混合现实 (MR) 的超高品质解决方案。通过对 OpenXR 的支持，可以将应用程序用于未来的新设备。

（8）内容。

行业特定模板。为了找到合适的项目起点，在尽可能短的时间里实现预想的结果，虚幻引擎提供多种实用模板，包括用于在台式机和 VR 设备上实现协作式多用户设计审查的模板，用于产品设计的带 HDRI 背投的工作室光照模板，以及用于建筑可视化的高度逼真的太阳和天空环境模板。

（9）开发者工具。

完全访问 C++ 源代码。通过对完整 C++ 源代码的自由访问，可以学习、自定义、扩展和调试整个虚幻引擎，无阻碍地完成项目。GitHub 上的源代码元库会不断更新，因此能获得最新的代码。

C++ API。借助健壮的 C++ API，可以添加新类来扩展虚幻引擎的功能。设计师可以使用蓝图，从这些构件创建自定义玩法或交互。Live Coding 能够在不关闭虚幻编辑器的情况下编译更改，从而快速测试进度。

分析和性能。虚幻引擎包含大量工具来发现和消除瓶颈，从而分析和优化项目，实现实时性能。最新增加的工具是 Unreal Insights 系统，它可以收集、分析和可视化关于 UE4 行为的数据，帮助你从实时或预先录制的会话中了解引擎性能。

1.2.8　CryEngine 游戏引擎

1. 引擎简介

CryEngine 是德国的 CRYTEK 公司出品的一款对应最新技术 DirectX 11 的游戏引擎。它采用了和 KILLZONE2 一样的延迟渲染 (Deferred Shading) 技术，在延迟着色的场景渲染中，像素的渲染被放在最后执行，再通过多个缓存同时输出。

德国的 CRYTEK 公司是在 GPU 进入可编程时代后，最先发现游戏引擎的重要性并且着手进行开发的独立游戏工作室之一，他们于 2004 年开始发售采用初代 CryEngine 引擎制作的游戏 FARCRY，取得了非常好的销售记录。但可惜的是，作为游戏引擎，CryEngine 的销售却并没有获得成功。当然，CryEngine 的部分功能被欧洲的一些游戏公司如 Academy 公司等采用，在一些社团内受到了很高的评价。

2. 功能

（1）SVOGI 优化。

SVOGI 这项功能允许开发者创建具有逼真环境色调的场景，现在 SVOGI 包含了 SVO Ray-traced Shadows，提供了在场景中使用缓存阴影贴图的替代方案。

（2）文档大修。

根据社区的要求，这家公司为设计者、艺术家、程序员，以及使用沙盒编辑器的用户提供了重新设计的文档。新人、老手都能够快速找到所需的内容。

（3）Flappy Boid。

Flappy Boid 是一个有趣且全面的入门教程，用户能够在构建完整游戏时学习核心的游戏开发概念。

（4）沙箱 UI/UX 变动。

沙盒编辑器已经优化了工作流程和性能，使得开发过程更快速、更轻松。

（5）地形对象混合。

用户可以使用网格对象标记 Enitiy，使其成为地形网格的一部分，从而增强真实感，尤其是雪景和沙地场景。

（6）C# 升级。

可以直接在 asset 浏览器内创建 C# asset，并且可以将函数公开给 SchematyC 以在 Entity Components 内部使用。C# 用户现在可以通过一个新扩展来利用 Visual Studio 进行调试。

（7）地形系统优化。

可以在雕刻工具中混合多种材料，并使用新的位移选项，从而获得更逼真的地形。

1.3 Cocos Creator 编辑器基础

Cocos Creator 的编辑器是开发游戏的必要条件，本节简单介绍 Cocos Creator 编辑器的基础功能，熟悉编辑器的各个组成面板、菜单和功能按钮。Cocos Creator 编辑器由多个面板组成，面板可以自由移动、组合，以适应不同项目和开发者的需要，如图 1-14 所示。

图 1-14

资源管理器（Assets）是用来访问和管理项目资源的工作区域。在开始制作游戏时，添加资源到这里通常是必需的步骤。使用 HelloWorld 模板新建一个项目，就可以看到资源管理器中包含的一些基本资源类型。

1. 界面介绍

【资源管理器】将项目资源文件夹中的内容以树状结构展示出来，且只有放在项目文件夹的 assets 目录下的资源才会显示在这里。下面介绍各个界面元素，如图 1-15 所示。

图 1-15

●左上角的 按钮是【创建】按钮，用来创建新资源。

●右上的文本输入框可以用来搜索、过滤文件名中包含特定文本的资源。

●右上角的搜索 🔍 按钮用来选择搜索的资源类型。

●面板主体是资源文件夹的资源列表，可以在这里用右键菜单或拖曳操作对资源进行增删修改。

●文件夹前面的小三角 ▼ 用来切换文件夹的展开 / 折叠状态。当用户按住 Alt 或 Option 键的同时单击该按钮，除了执行这个文件夹自身的展开 / 折叠操作之外，还会同时展开 / 折叠该文件夹下的所有子节点。

2. 资源列表

资源列表中可以包括任意文件夹结构，文件夹在【资源管理器】中会以 📁 图标显示，单击图标左边的箭头就可以展开 / 折叠该文件夹中的内容。

除了文件夹之外，列表中显示的都是资源文件，资源列表中的文件会隐藏扩展名，而以图标指示文件或资源的类型，比如 HelloWorld 模板创建出的项目中包括了以下三种核心资源。

●图片资源：目前包括 jpg、png 等图像文件，图标会显示为图片的缩略图。

● JS 脚本资源：程序员编写的 JavaScript 脚本文件，以 js 为文件扩展名。我们可以通过编辑这些脚本为添加组件功能和游戏逻辑。

● 🔥 场景资源：双击可以打开场景文件。打开了场景文件，我们才能继续进行内容创作和生产。

3. 创建资源

目前可以在【资源管理器】中创建的资源有以下种类：文件夹、脚本文件、场景、动画剪辑、自动图集配置、艺术数字配置、Material 材质、Effect。单击左上角的【创建】按钮，就会弹出包括上述资源列表的创建资源菜单。单击其中的项目，就会在当前选中的位置新建相应资源，如图 1-16 所示。

图 1-16

4. 选择资源

在资源列表中可以使用以下的资源选择操作。

● 单击选中单个资源。

● 按住 Ctrl 或 Cmd 单击，可以将更多资源加入选择中。

● 按住 Shift 单击，可以连续选中多个资源。

对于选中的资源，可以执行移动、删除等操作。

5. 移动资源

选中资源后（可多选），按住鼠标左键拖曳可以将资源移动到其他位置。将资源拖曳到文件夹上时，会看到鼠标指针悬停的文件夹以橙色高亮显示，如图 1-17 所示，这时松开鼠标，就会将资源移动到高亮显示的文件夹下。

图 1-17

6. 删除资源

对于已经选中的资源，可以执行以下操作进行删除。

● 右击鼠标，并选择快捷菜单中的【删除】命令。

● 直接按 Delete 键（Windows）或 Cmd + Backspace 组合键（Mac）。

由于删除资源是不可撤销的操作，所以会弹出对话框要求用户确认。确定后资源就会被删除，无法从回收站（Windows）或废纸篓（Mac）找回。请一定要谨慎使用，做好版本管理或手动备份。

7. 其他操作

【资源管理器】的快捷菜单里还包括以下操作。

● 新建：和【创建】按钮功能相同，会将资源添加到当前选中的文件夹下。如果当前选中的是资源文件，会将新增资源添加到当前选中资源所在文件夹中。

● 复制 / 粘贴：将选中的资源复制、粘贴到该文件夹下或者另外的文件夹下。

● 重命名：对资源进行重命名。

● 查找资源：查找用到了该资源的文件，并在搜索框中过滤显示。

●在【资源管理器】（Windows）或 Finder（Mac）中显示：在操作系统的【文件管理器】中打开该资源所在的文件夹。

●打开 Library 中的资源：打开所选中的资源被 Creator 导入后生成的数据。

●前往 Library 中的资源位置：打开项目文件夹的 Library 中导入资源的位置。

●显示资源 UUID 和路径：在【控制台】窗口显示当前选中资源的 UUID。

另外，对于特定资源类型，双击资源可以进入该资源的编辑状态，如场景资源和脚本资源。

8. 过滤资源

在资源管理器右上角的搜索框中输入文本，可以过滤出文件名包括输入文本的所有资源。也可以输入 *.png 这样的文件扩展名，此时会列出所有特定扩展名的资源。

1.4　Cocos Creator 场景制作基础

场景是 Cocos Creator 中的重要资源，所以掌握了场景是制作游戏的必要条件。本节将介绍 Cocos Creator 中场景制作的重要知识。

1.4.1　节点

Cocos Creator 的工作流程是以组件式开发为核心的，组件式架构也称作组件 - 实体系统（或 Entity-Component System），简单地说，就是以组合而非继承的方式进行实体的构建。

在 Cocos Creator 中，节点（Node）是承载组件的实体，通过将具有各种功能的**组件（Component）**挂载到节点上，来让节点具有各式各样的表现和功能。接下来看看如何在场景中创建节点和添加组件。

要最快地获得一个具有特定功能的节点，可以通过【层级管理器】左上角的【创建节点】按钮来完成。下面以创建一个最简单的 Sprite（精灵）节点为例，单击【创建节点】按钮，然后选择【创建渲染节点】→【Sprite（精灵）】菜单命令，如图 1-18 所示。

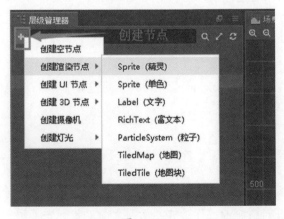

图 1-18

之后就可以在【场景编辑器】和【层级管理器】中看到新添加的 Sprite 节点了。新节点命名为 New Sprite，表示这是一个主要由 Sprite 组件负责提供功能的节点。读者也可以尝试再次单击【创建节点】按钮，选择其他的节点类型，看到它们的命名和表现会有所不同。

1.4.2 坐标系

这一节我们将深入了解节点所在场景空间的坐标系。

1.Cocos Creator 坐标系

既然可以为节点设置位置属性，那么一个有着特定位置属性的节点在游戏运行时将会呈现在屏幕上的什么位置呢？就好像日常生活的地图上有了经度和纬度才能进行卫星定位，我们也要先了解 Cocos Creator 的坐标系，才能理解节点位置的意义。

2. 笛卡尔坐标系

Cocos Creator 的坐标系和 Cocos2d-x 引擎坐标系完全一致，而 Cocos2d-x 和 OpenGL 坐标系相同，都是起源于笛卡尔坐标系。笛卡尔坐标系中，定义右手系原点在左下角，x 向右，y 向上，z 向外。我们平时使用的坐标系就是笛卡尔右手系，如图 1-19 所示。

3. 屏幕坐标系和 Cocos2d-x 坐标系

在 iOS、Android 等平台用原生 SDK 开发应用时，使用的是标准屏幕坐标系，原点为屏幕左上角，x 向右，y 向下。

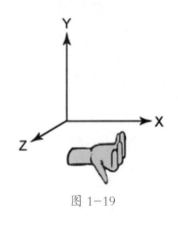

图 1-19

Cocos2d-x 坐标系的原点为屏幕左下角，x 向右，y 向上。

4. 世界坐标系（World Coordinate）和本地坐标系（Local Coordinate）

世界坐标系也叫作绝对坐标系，在 Cocos Creator 游戏开发中表示场景空间内的统一坐标体系，"世界"就表示我们的游戏场景。

本地坐标系也叫相对坐标系，是和节点相关联的坐标系。每个节点都有独立的坐标系，当节点移动或改变方向时，和该节点关联的坐标系将随之移动或改变方向。

Cocos Creator 中的节点（Node）之间可以有父子关系的层级结构，我们修改节点的 位置（Position）属性设定的节点位置是该节点相对于父节点的 本地坐标系 而非世界坐标系。在绘制整个场景时，Cocos Creator 会把这些节点的本地坐标映射成世界坐标系坐标。

1.5 Cocos Creator 资源基础

游戏设计一定会用到游戏资源，如音频、图片、模型等游戏资源文件，本章将介绍在 Cocos Creator 中针对资源的操作。开始学习之前，我们先了解添加资源的操作。

【资源管理器】提供了以下三种在项目中添加资源的方式。

●通过【创建】按钮添加资源。

●在操作系统的文件管理器中，将资源文件复制到项目资源文件夹下，之后再打开或激活 Cocos Creator 窗口，完成资源导入。

●从操作系统的文件管理器中（比如 Windows 的【资源管理器】或 Mac 的 Finder），拖曳资源文件到【资源管理器】来导入资源。

从外部导入资源可以通过从操作系统中的其他窗口拖曳文件到 Cocos Creator 窗口中的【资源管理器】上，就能够从外部导入资源。该操作会自动复制资源文件到项目资源文件夹下，并完成导入操作。

管理器中的资源和操作系统的文件管理器中看到的资源文件夹是同步的，在【资源管理器】中对资源移动、重命名和删除，都会直接在用户的文件系统中对资源文件进行同步修改。同样地，在文件系统中添加或删除资源，再次打开或激活 Cocos Creator 程序后，也会对【资源管理器】中的资源进行更新。

所有 assets 路径下的资源都会在导入时生成一份资源配置文件（.meta）。这份配置文件提供了该资源在项目中的唯一标识（UUID）以及其他的一些配置信息（如图集中的小图引用，贴图资源的裁剪数据等），非常重要。

在编辑器中管理资源时，meta 文件是不可见的，对资源的所有删除、改名、移动操作，都会由编辑器自动同步到相应的 meta 文件，确保 UUID 的引用不会丢失和错乱。

注意，在编辑器外部的文件系统中对资源文件进行删除、改名、移动时，必须同步处理相应的 meta 文件。资源文件和其对应的 meta 文件应该保持在同一个目录下，而且文件名相同。

除了导入基础资源外，从 1.5 版本开始，编辑器支持将一个项目中的资源完整地导出到另一个项目。现在可以在 Cocos Creator 中导入其他编辑器的项目，如 Cocos Studio、Cocos Builder。

注意：处理无法匹配的资源配置文件（.meta）。

如果在编辑器外部的文件系统中进行了资源文件的移动或重命名，而没有同步移动或重命名 meta 文件，会导致编辑器将改名或移动的资源当作新的资源导入，可能会出现场景和组件中对该资源（包括脚本）的引用丢失。

编辑器发现有未同步的资源配置文件时，会弹窗警告用户，并列出所有不匹配的 meta 文件。

这时无法正确匹配的资源配置文件会从项目资源路径（assets）中移除，并自动备份到 temp 路径下。

如果希望恢复这些资源的引用，可将备份的 meta 文件复制到已经移动过的资源文件同一路径下，并保证资源文件和 meta 文件的文件名相同。注意编辑器在处理资源改名和移动时会生成新的 meta 文件，这些新生成的 meta 文件可以在恢复备份的 meta 后安全删除。

1.6　Cocos Creator 脚本开发工作流程

Cocos Creator 的脚本主要是通过扩展组件来进行开发的。目前 Cocos Creator 支持 JavaScript 和 TypeScript 两种脚本语言。通过编写脚本组件，并将它赋予到场景节点中，可驱动场景中的物体。

在组件脚本的编写过程中，可以通过声明属性，将脚本中需要修改的变量映射到【属性检查器】（Properties）中，供策划和美术人员修改。与此同时，也可以通过注册特定的回调函数，来初始化、更新，甚至销毁节点。

编写代码的时候，通常需要用到程序代码编辑器，这里推荐使用 WebStorm 或 VSCode。通过编辑器可以加快开发速度，特别是语法高亮和代码提示等功能，可以极大地提高开发速度。

1.6.1　组件生命周期和脚本执行顺序

1. 组件生命周期

Cocos Creator 为组件提供了生命周期的回调函数。用户只要定义特定的回调函数，Creator 就会在特定的时期自动执行相关脚本，不需要手工调用它们。

目前提供给用户的生命周期回调函数主要有：onLoad、start、update、lateUpdate、onEnable、onDisable、onDestroy。

（1）onLoad。

组件脚本的初始化阶段，我们提供了 onLoad 回调函数。onLoad 回调会在节点首次激活时触发，比如所在的场景被载入，或者所在节点被激活的情况下。在 onLoad 阶段，保证了你可以获取到场景中的其他节点，以及节点关联的资源数据。onLoad 总是会在任何 start 方法调用前执行，这能用于安排脚本的初始化顺序。通常我们会在 onLoad 阶段去做一些初始化相关的操作。例如：

```
cc.Class({
  extends: cc.Component,

  properties: {
    bulletSprite: cc.SpriteFrame,
    gun: cc.Node,
  },

  onLoad: function () {
    this._bulletRect = this.bulletSprite.getRect();
    this.gun = cc.find('hand/weapon', this.node);
  },
});
```

（2）start。

start 函数会在组件第一次激活前，也就是第一次执行 update 之前触发。start 通常用于初始化一些中间状态的数据，这些数据可能在 update 时会发生改变，并且被频繁地启用和禁用。

```
cc.Class({
  extends: cc.Component,

  start: function () {
    this._timer = 0.0;
  },

  update: function (dt) {
    this._timer += dt;
    if ( this._timer >= 10.0 ) {
      console.log('I am done!');
      this.enabled = false;
    }
  },
});
```

（3）update。

　　游戏开发的一个关键点是在每一帧渲染前更新物体的行为、状态和方位，这些更新操作通常放在 update 回调中。

```
cc.Class({
  extends: cc.Component,
  update: function (dt) {
    this.node.setPosition( 0.0, 40.0 * dt );
  }
});
```

（4）lateUpdate。

　　update 会在所有动画更新前执行，但如果我们要在动效（如动画、粒子、物理等）更新之后才进行一些额外操作，或者希望在所有组件的 update 都执行完之后才进行其他操作，那就需要用到 lateUpdate 回调。

```
cc.Class({
  extends: cc.Component,
  lateUpdate: function (dt) {
    this.node.rotation = 20;
  }
});
```

（5）onEnable。

　　当组件的 enabled 属性从 false 变为 true 时，或者所在节点的 active 属性从 false 变为 true 时，会激活 onEnable 回调。倘若节点第一次被创建且 enabled 为 true，则会在 onLoad 之后，start 之前被调用。

（6）onDisable。

当组件的 enabled 属性从 true 变为 false 时，或者所在节点的 active 属性从 true 变为 false 时，会激活 onDisable 回调。

（7）onDestroy。

当组件或者所在节点调用了 destroy()，则会调用 onDestroy 回调，并在帧结束时统一回收组件。

2. 组件脚本执行顺序

（1）使用统一的控制脚本来初始化其他脚本。

一般会有一个 Game.js 脚本作为总的控制脚本，假如还有 Player.js、 Enemy.js、Menu.js 三个组件，那么它们的初始化过程是这样的：

```
// Game.js
const Player = require('Player');
const Enemy = require('Enemy');
const Menu = require('Menu');

cc.Class({
    extends: cc.Component,
    properties: {
        player: Player,
        enemy: Enemy,
        menu: Menu
    },

    onLoad: function () {
        this.player.init();
        this.enemy.init();
        this.menu.init();
    }
});
```

其中在 Player.js、Enemy.js 和 Menu.js 中需要实现 init 方法，并将初始化逻辑放进去。这样就可以保证 Player、Enemy 和 Menu 的初始化顺序。

（2）在 Update 中用自定义方法控制更新顺序。

如果要保证以上三个脚本的每帧更新顺序，我们也可以将分散在每个脚本里的 update 替换成自己定义的方法：

```
// Player.js
    updatePlayer: function (dt) {
```

```
        // do player update
    }
```

然后在 Game.js 脚本的 update 里调用这些方法：

```
// Game.js
    update: function (dt) {
        this.player.updatePlayer(dt);
        this.enemy.updateEnemy(dt);
        this.menu.updateMenu(dt);

    }
```

（3）控制同一个节点上的组件执行顺序。

在同一个节点上的组件脚本执行顺序，可以通过组件在【属性检查器】里的排列顺序来控制。排列在上的组件会先于排列在下的组件执行。可以通过组件右上角的齿轮按钮里的 Move Up 和 Move Down 菜单来调整组件的排列顺序和执行顺序。

假如有两个组件 CompA 和 CompB，内容分别是：

```
// CompA.js
cc.Class({
    extends: cc.Component,

    onLoad: function () {
        cc.log('CompA onLoad!');
    },

    start: function () {
        cc.log('CompA start!');
    },

    update: function (dt) {
        cc.log('CompA update!');
    },
});
// CompB.js
cc.Class({
    extends: cc.Component,

    onLoad: function () {
        cc.log('CompB onLoad!');
    },

    start: function () {
        cc.log('CompB start!');
```

```
    },

    update: function (dt) {
        cc.log('CompB update!');
    },
});
```

组件顺序 CompA 在 CompB 上面时，输出：

```
CompA onLoad!
CompB onLoad!
CompA start!
CompB start!
CompA update!
CompB update!
```

在【属性检查器】里通过 CompA 组件右上角齿轮菜单里的 Move Down 将 CompA 移到 CompB 下面后，输出：

```
CompB onLoad!
CompA onLoad!
CompB start!
CompA start!
CompB update!
CompA update!
```

（4）设置组件执行优先级。

如果以上方法仍无法提供所需控制粒度，还可以直接设置组件的 executionOrder。executionOrder 会影响组件的生命周期回调的执行优先级，设置方法如下：

```
// Player.js
cc.Class({
    extends: cc.Component,
    editor: {
        executionOrder: -1
    },

    onLoad: function () {
        cc.log('Player onLoad!');
    }
});
// Menu.js
cc.Class({
    extends: cc.Component,
    editor: {
        executionOrder: 1
```

```
    },

    onLoad: function () {
        cc.log('Menu onLoad!');
    }
});
```

executionOrder 的值越小，该组件相对其他组件就会越先执行。executionOrder 默认为 0，因此设置为负数的话，就会在其他默认的组件之前执行。 executionOrder 只对onLoad，onEnable，start，update 和 lateUpdate 有效，对 onDisable 和 onDestroy 无效。

1.6.2　使用脚本创建和销毁节点

1. 创建新节点

除了通过【场景编辑器】创建节点外，也可以在脚本中动态创建节点。

以下是一个简单的例子：通过 new cc.Node() 并将它加入场景中，可以实现整个创建过程。

```
cc.Class({
  extends: cc.Component,

  properties: {
    sprite: {
      default: null,
      type: cc.SpriteFrame,
    },
  },

  start: function () {
    var node = new cc.Node('Sprite');
    var sp = node.addComponent(cc.Sprite);

    sp.spriteFrame = this.sprite;
    node.parent = this.node;
  },
});
```

2. 克隆已有节点

有时如果希望动态地克隆场景中的已有节点，可以通过 cc.instantiate 方法完成。使用方法如下：

```
cc.Class({
  extends: cc.Component,
```

```
    properties: {
      target: {
        default: null,
        type: cc.Node,
      },
    },

    start: function () {
      var scene = cc.director.getScene();
      var node = cc.instantiate(this.target);

      node.parent = scene;
      node.setPosition(0, 0);
    },
});
```

3. 创建预制节点

和克隆已有节点相似，也可以设置一个预制（Prefab）并通过 cc.instantiate 生成节点。使用方法如下：

```
cc.Class({
  extends: cc.Component,

  properties: {
    target: {
      default: null,
      type: cc.Prefab,
    },
  },

  start: function () {
    var scene = cc.director.getScene();
    var node = cc.instantiate(this.target);

    node.parent = scene;
    node.setPosition(0, 0);
  },
});
```

4. 销毁节点

通过 node.destroy() 函数，可以销毁节点。值得一提的是，节点销毁后并不会立刻被移除，而是在当前帧逻辑更新结束后，统一执行。当一个节点销毁后，该节点就处于无效状态，可以通过 cc.isValid 判断当前节点是否已经被销毁。

使用方法如下：

```
cc.Class({
  extends: cc.Component,

  properties: {
    target: cc.Node,
  },

  start: function () {
    // 5 秒后销毁目标节点
    setTimeout(function () {
      this.target.destroy();
    }.bind(this), 5000);
  },

  update: function (dt) {
    if (cc.isValid(this.target)) {
      this.target.rotation += dt * 10.0;
    }
  },
});
```

1.7　本章小结

　　本章首先介绍游戏引擎的功能和本质，简单来说，利用游戏引擎制作游戏省去了"重复造轮子"的工作，能够极大地方便游戏开发者。

　　接下来介绍了主流的游戏引擎，如 Cocos2d-x、Cocos Creator、Cocos Creator 3d、LayaBox、白鹭、Unity3D、虚幻和 CryEngine 等主流游戏引擎的功能，希望能帮助读者总体上对游戏引擎行业有更好的认识。

　　后续介绍了 Cocos Creator 编辑器基础，场景制作基础，资源工作基础，脚本开发流程，并简单地介绍和回顾了 Cocos Creator 的基础知识。

第 2 章　Cocos Creator 2.0 升级指南

2.1　概述

经历了大规模的底层重构和稳定性迭代，Cocos Creator 发布了 2.0 版本。希望本章能给 1.x 用户完整的升级指引，帮助开发者顺利迁移到全新版本上。

总体上来说，Cocos Creator 2.0 设计的核心目标有两点。

●大幅提升引擎基础性能。

●提供更高级的渲染能力和更丰富的渲染定制空间。

为了完成这个目标，官方彻底重写了底层渲染器，从结构上保障了 Web 和小游戏性能的提升和渲染能力的升级。同时，为了保障用户项目可以更平滑升级，几乎没有改动组件层的 API。当然，这些改动并不是对用户完全透明的，比如引擎加载流程、事件系统、引擎整体 API 的精简和重组，这些都会对用户层 API 产生影响。

但升级成功只是开始，Cocos Creator 在 2.0 版本中准备了更深入的更新和功能等待挖掘。

2.2　编辑器升级

先来了解一下编辑器层面的改动。由于 2.0 的重点更新集中在引擎层面，这方面其实改动不算很多，主要是贴图资源，平台发布，以及部分组件的使用方式。

2.2.1　Texture 资源配置

也许有开发者在使用 Creator 1.x 开发项目时曾注意过贴图资源的配置，比如 Wrap Mode 和 Filter Mode，但是其实在 1.x 中无论怎么设置，都不会影响到运行时的贴图资源。而在 2.0 中，官方让这些配置在运行时真正生效，还增加了一个是否预乘贴图的选项，如图 2-1 所示。

图 2-1

（1）Wrap Mode：循环模式，它决定了当 uv 超过 1 时如何对贴图采样。

● Clamp：uv 的取值会自动限定在 0~1 之间，超出直接取 0 或 1。

● Repeat：超过时会对 uv 的值取模，使得贴图可以循环呈现。

（2）Filter Mode：过滤模式，它决定了对贴图像素进行浮点采样时，是否和周围像素进行混合，以达到贴图缩放时的平滑过渡效果。结果上来说，Trilinear 平滑程度高于 Bilinear，高于 Point，但是 Point 很适合像素风格的游戏，在缩放贴图时，像素边界不会变得模糊，能保持原始的像素画风格。

● Point（最近点采样）：直接使用 uv 数值上最接近的像素点。

● Bilinear（二次线性过滤）：取 uv 对应的像素点以及周围的四个像素点的平均值。

● Trilinear（三次线性过滤）：会在二次线性过滤的基础上，取相邻两层 mipmap 的二次线性过滤结果，进行均值计算。

（3）Premultiply Alpha：这是在 2.0 中新增的参数，勾选时，引擎会在上传 GPU 贴图的过程中，开启 GL 预乘选项。这对于一些需要预乘的贴图非常有帮助。

时常会有一些用户对于贴图周围或者文字周围出现的白边无法理解，其实这是贴图周围的半透明像素造成的，如图 2-2 所示。

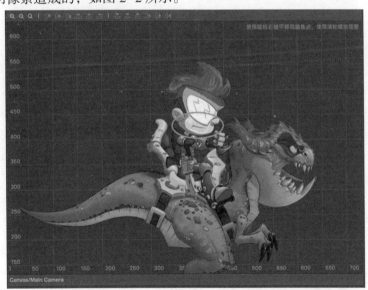

图 2-2

在使用 1.x 开发项目时，这个问题需要使用代码的方式才能够消除，而在 2.0 中只需要开启贴图的预乘选项即可。

需要注意的是，如果操作后贴图变暗，那么要将对应的渲染组件的混合模式改为 ONE，ONE_MINUS_SRC_ALPHA 。

2.2.2　Camera 组件使用

摄像机可能是 1.x 到 2.0 改动最大的一个组件，为了使开发者可以顺畅更新，官方尽量保持了组件层 API 的一致性，然而 Camera 的使用方式却无法做到简单迁移。因为在 2.0 中，Camera 从一个配角变成了主角。

● Canvas 组件会添加一个默认的 Main Camera 节点，并挂载 Camera 组件，它将默认对准 Canvas 节点的中心，显示场景中渲染的元素。

● 节点 Group 对应 Camera 的 culling mask，只有 Camera culling mask 包含的 Group 才会被渲染。

● 可以通过多 Camera 来渲染不同 Group，并且让它们拥有全局层级关系。场景渲染是以 Camera 列表为入口，依次渲染（多 Camera 也可以用不同视角渲染同一个物体）。

在这个架构下，1.x 那样的使用方式就不再可行了，因为它无法直接指定 Camera 对应的 target，而是通过设置节点 Group 和 Camera 的 culling mask 来设置节点和 Camera 匹配关系。

2.2.3 构建面板更新

构建面板方面的最大改动是微信小游戏开放数据域的发布。在 2.0 中，官方将微信开放数据域独立为一个平台：微信小游戏开发数据域，如图 2-3 所示。

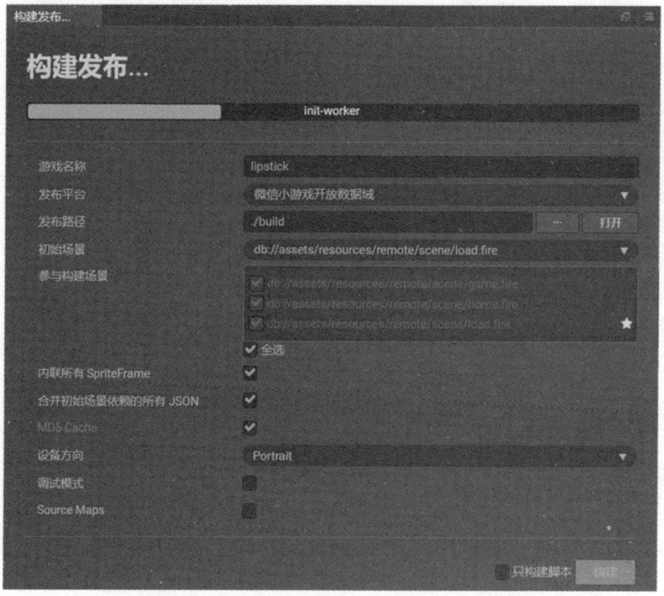

图 2-3

可以看到构建选项比其他平台要简单许多，这是因为开放数据域的环境特殊，去除了不必要的选项。同时由于开放数据域不支持 WebGL 渲染，所以在引擎模块裁剪上，无论用户怎么设置，WebGL 渲染器都会被剔除，同时依赖于 WebGL 渲染的所有模块也会被剔除。其他模块仍然需要用户自己选择，以得到开放数据域中的最小包体。

同理，在构建其他平台时，请不要勾选 Canvas Renderer 选项，因为 Canvas 渲染器支持的渲染组件不多，意义已经不大了。

2.2.4　模块设置

除了微信开放数据域中的模块设置比较特殊以外，在其他平台项目的模块设置中还有两点需要注意。

（1）目前官方已经在非微信开放数据域的其他平台中废弃了 Canvas 渲染模式，所以 Canvas Renderer 模块都可以剔除，但 WebGL Renderer 模块必须保留。

（2）原生平台目前不可剔除 Native Network 模块（未来会调整）。

2.2.5　自定义引擎 Quick Compile

在 2.0 中，官方为需要定制引擎的开发者提供了一种更便捷的开发方式。1.x 在修改定制引擎之后，还需要进行 gulp build 构建才能生效，且构建时间很长。造成这个问题的根本原因是，任何小改动都需要将所有引擎文件进行重新打包，这个过程的耗时很长。所以 2.0 版本中，官方改为引用自定义引擎中的分散文件，当用户改动发生时，只会更新被修改的文件，开发者也可以手动触发更新。自定义引擎设置界面如图 2-4 所示。

图 2-4

当使用自定义 JS 引擎后，加载或刷新编辑器时，编辑器会扫描引擎并自动重新编译修改的引擎代码。

在编译完成后，预览就会直接使用新的引擎代码，构建项目时，也会使用新的引擎代码进行编译构建。当然这会带来两个副作用：需要编译引擎时构建时间增长；预览时加载引擎脚本很多，所以预览加载时间也会增长。

2.3　引擎模块升级

下面将介绍的是 Cocos Creator 2.0 最重要的引擎部分更新，官方在 2.0 中对引擎框架进行了彻底的升级。

●彻底模块化。

●移除底层 cocos2d-html5 渲染引擎，改为和 3D 引擎共享底层渲染器。

●摒弃渲染树，直接使用节点和渲染组件数据来组装渲染数据。

●逻辑层和渲染层隔离，通过有限的数据类型交互。

●渲染流程零垃圾。

下面介绍具体的更新内容。

2.3.1 底层渲染器升级

一般来说，用户是通过渲染组件层级来控制渲染，对于这样的使用方式来说，2.0 和 1.x 几乎没有区别，用户升级后组件层的代码仍然是能正常运转的。不过如果用户由于优化等需求，项目代码中触碰到 sgNode 的层级，那么就需要注意了，在 1.x 中作为底层渲染器的 ccsg 模块已经被彻底移除，组件层不再能访问任何 sgNode。图 2-5 和图 2-6 是 2.0 和 1.x 在节点树层级的差异。

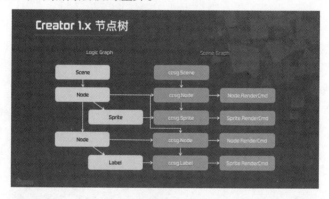

图 2-5

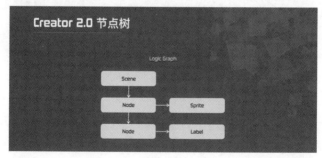

图 2-6

另外很关键的一点是，2.0 除了在微信开放数据域中保留了有限的 Canvas 渲染能力以外，其他平台都移除了 Canvas 渲染，仅支持 WebGL 渲染。

由于篇幅限制，这里不深入探讨引擎底层框架的更新，详细内容请关注官方后续推出的 v2.0 渲染框架文档。

2.3.2 启动流程升级

在 1.x 中，引擎和用户脚本的加载顺序是：

- 加载引擎。
- 加载 main.js。
- 初始化引擎。
- 初始化渲染器。
- 加载项目插件脚本。
- 加载项目主脚本。
- 调用 cc.game.onStart。

在 2.0 中，用户脚本可以干预初始化逻辑，比如设置 cc.macro.ENABLE_TRANSPARENT_CANVAS（Canvas 背景是否透明）、cc.macro.ENABLE_WEBGL_ANTIALIAS（是否开启 WebGL 抗锯齿），或者对引擎应用一些前置的定制代码。以前这些工作都必须定制 main.js，在 cc.game.onStart 回调中添加，跟引擎默认初始化逻辑混在一起，用户经常有困惑，而且对于版本升级也不友好。所以在 2.0 中官方前置了用户脚本的加载顺序为：

- 加载引擎。
- 加载 main.js。
- 加载项目插件脚本。
- 加载项目主脚本。
- 初始化引擎（Animation Manager, Collision Manager, Physics Manager, Widget Manager）。
- 初始化渲染器。
- 调用 cc.game.onStart。

2.3.3　平台代码分离和定制

在 1.x 中，main.js 承载了所有平台的初始化逻辑，但由于平台越来越多，差异也越来越大，所以官方决定将这些平台的启动逻辑尽量分离。

- Web & Facebook Instant Game。
  - 入口文件：index.html。
  - 适配文件：无。
- 微信小游戏。
  - 入口文件：game.js。
  - 适配文件：libs/。
- 原生平台。
  - 入口文件：main.js。
  - 适配文件：jsb-adapter/。

开发者如果需要添加自己的定制代码，尽量不要覆盖 main.js。

2.3.4 事件系统升级

事件系统在引擎和用户代码中都被广泛使用,但是为了兼容派发触摸事件的需求(捕获和冒泡),在 1.x 中,它的设计过于复杂,对于普通的简单事件反而性能有些低下。在 2.0 中为了解决这个问题,官方将树形结构中包含捕获和冒泡阶段的事件模型仅实现在了 cc.Node 中,彻底简化了 EventTarget 的设计。下面是关键的 API 对比。

(1)Node:

● on (type, callback, target, useCapture):注册事件监听器,可以选择注册冒泡阶段或者捕获阶段。

● off (type, callback, target, useCapture):取消注册监听器。

● emit (type, arg1, arg2, arg3, arg4, arg5):派发简单事件。

● dispatchEvent (event):以捕获和冒泡事件模型在节点树上派发事件(捕获阶段触发顺序从根节点到目标节点,冒泡阶段再从目标节点上传到根节点)。

(2)EventTarget:

● on (type, callback, target):注册事件监听器。

● off (type, callback, target):取消注册监听器。

● emit (type, arg1, arg2, arg3, arg4, arg5):派发简单事件。

● dispatchEvent (event):兼容 API,派发一个简单的事件对象。

可以看到,只有 Node 的 on/off 支持父节点链上的事件捕获和事件冒泡,默认仅有系统事件支持这样的派发模式,用户可以通过 node.dispatchEvent 在节点树上以同样的流程派发事件。这点跟 1.x 是一致的。 但是,Node 上使用 emit 派发的事件和 EventTarget 上的所有事件派发都是简单的事件派发方式,这种方式派发的事件,在事件回调的参数上和 1.x 有区别:

```
// **v1.x**
eventTarget.on(type, function (event) {
    // 通过 event.detail 获取 emit 时传递的参数
});
eventTarget.emit(type, message);
// message 会被保存在回调函数的 event 参数的 detail 属性上

// **v2.0**
eventTarget.on(type, function (message, target) {
    // 直接通过回调参数来获取 emit 时传递的事件参数
});
// emit 时可以传递至多五个额外参数,都会被扁平的直接传递给回调函数
eventTarget.emit(type, message, eventTarget);
```

另外值得一提的是,热更新管理器的事件监听机制也升级了,AssetsManager 在旧

版本中需要通过 cc.eventManager 来监听回调，在 2.0 中官方提供了更简单的方式：

```
// 设置事件回调
assetsManager.setEventCallback(this.updateCallback.bind(this));
// 取消事件回调
assetsManager.setEventCallback(null);
```

2.3.5　适配模式升级

Cocos Creator 支持多种适配模式，可以通过 Canvas 组件中的设置来管理，其中一种适配模式在 2.0 中有一定调整，就是同时勾选 Fit Width 和 Fit Height 的模式。

在这种适配模式下，开发者的设计分辨率比例将会忠实地被保留，并缩放场景到所有内容都可见，此时场景长宽比和设备屏幕长宽比一般都存在差距，因此会在左右或者上下留下黑边。

如图 2-7 所示，在 1.x 中，官方将 DOM Canvas 的尺寸直接设置为场景的尺寸，所以超出场景范围的内容都会被剪裁掉，而背景就是 Web 页面。但是这种方式在微信小游戏上遇到了问题，微信会强制将主 Canvas 的尺寸拉伸到全屏范围，导致 1.x 使用这种适配模式在小游戏上往往都会造成严重的失真。2.0 改变了适配策略的实现，保持 DOM Canvas 全屏，通过设置 GL Viewport 来让场景内容居中，并处于正确位置。这样做带来的变化是，微信小游戏中比例完全正确，但是场景范围外的内容仍然是可见的。

图 2-7

2.3.6 RenderTexture 截图功能

在 1.x 中，开发者一般通过 cc.RenderTexture 来完成截图功能，但是这是属于旧版本渲染树中的一个功能，在官方去除渲染树后，截图功能的使用方式也完全不同了。简单来说，在 2.0 中，cc.RenderTexture 变成了一个资源类型，继承（cc.Texture）资源，开发者通过将某个摄像机内容渲染到 cc.RenderTexture 资源上完成截图。

2.3.7 TiledMap 功能简化

瓦片地图在 2.0 中经过了重新设计，为提升渲染性能，官方简化了 TiledLayer 的能力，下面是修改或去除的 TiledLayer 功能：getTiles、setTiles、getTileAt:getTiledTileAt、removeTileAt、setTileGID: setTileGIDAt、setMapTileSize、setLayerSize、setLayerOrientation、setContentSize、setTileOpacity、releaseMap。

官方去除了 Tiles 获取和设置的能力，设置 map 或者 layer 尺寸和朝向的能力，这是因为官方希望这些信息从 tmx 文件中获取之后是稳定的，开发者可以通过 tmx 去调整地图，而不是由这些接口调整。在 1.x 中，getTileAt 和 setTileAt 是通过将一个地图块实例化为一个 Sprite 实现的，这个 Sprite 在地图的渲染流程中会制造大量的特殊处理逻辑，也会使得瓦片地图渲染性能受到比较大的影响。所以在 2.0 中，官方提供了 getTiledTileAt 接口让开发者可以获取一个挂载 TiledTile 组件的节点，通过这个节点，开发者可以修改 Tile 的位置、旋转、缩放、透明度、颜色等信息，还可以通过 TiledTile 组件来控制地图位置和瓦片 ID，这取代了原本的 setTileOpacity 等独立接口。

当然，官方不是为了简化而简化，一方面这带来了 Web 和小游戏性能上的提升，另一方面这个简单的框架也为未来瓦片地图的升级打下了很好的基础。官方计划会支持 multiple tilesets、节点遮挡控制等能力。

2.3.8 物理引擎升级

物理引擎方面，官方将旧的 box2d 库升级为 box2d.ts，主要是为了在性能上有所提升，保障物理游戏的稳定性。不过 box2d.ts 内部的接口和以往的接口会有一定的差异，开发者需要留意这些接口的使用。

2.3.9 其他重要更新

除了上面那些完整模块的更新，在引擎的其他方面还有一些比较重要的更新。

1. Node

●移除了 tag 相关的 API。

●将 transform 获取 API 都更新为 matrix 相关 API，并且获取时需要开发者传递存储结果的对象。

●保留属性风格 API，移除与属性重复的 getter setter API。

●由于遍历流程的改变，节点的渲染顺序也和之前不同，2.0 中所有子节点都会在父节点之后渲染，其中包括 zIndex 小于 0 的节点。

2. Director

● 移 除 了 与 视 图 和 渲 染 相 关 的 API，比 如 getWinSize、getVisibleSize、setDepthTest、setClearColor、setProjection 等。

● 废弃 EVENT_BEFORE_VISIT 和 EVENT_AFTER_VISIT 事件类型。

3. Scheduler

除了组件对象以外，需要使用 Scheduler 调度的目标对象，都需要先执行命令：scheduler.enableForTarget(target)。

4. value types

● 以前在 cc 命名空间下的 AffineTransform 计算 API 都移到 AffineTransform 下，比如 cc.affineTransformConcat 改为 cc.AffineTransform.concat。

● Rect 和 Point 相关的计算 API 都改为对象 API，比如 cc.pAdd(p1, p2) 改为 p1.add(p2)。

● 移除了 cc.rand、cc.randomMinus1To1 等 JS 直接提供的 API。

5. debug

新增 cc.debug 模块，暂时包含 setDisplayStats、isDisplayStats 方法。

6. 移除的部分重要 API

● 所有 _ccsg 命名空间下的 API。

● cc.textureCache。

● cc.pool。

● Spine：Skeleton.setAnimationListener。

除了上面这些升级，对于引擎核心模块来说，官方将所有的 API 变更都记录在了 deprecated.js 中，在预览或者调试模式中，开发者都会看到相关的 API 更新提示。只要按照提示进行升级，再结合这篇文档，相信用户就可以解决大部分问题。

2.4　后续版本计划

2.0 虽然已经完成了底层渲染器的更新，但是官方尚未正式开放高级渲染能力给开发者。在 2.x 后续版本中，官方会逐步用产品化的方式推出这些高渲染能力，让开发者可以在用 Cocos Creator 制作 2D 游戏时，感受到前所未有的想象空间，释放无限的创作激情。

2.5　本章小结

本章主要介绍 Cocos Creator 2.0 游戏引擎的升级方法。通过本章的介绍，希望能给 1.x 的用户完整的升级指引，帮助开发者顺利迁移到新版本上。

第3章　游戏多国语言

随着经济全球化的快速发展，如果游戏需要推广到海外，游戏语言只是中文肯定是不行的。如果在欧美推广，那就需要转换为英文，所以游戏中必须有切换语言的选项，这里主要介绍英文的转换，其他语言的操作方法是一样的。

在游戏开发过程中，和多国语言相关的几个重要的组件，如 Sprite，Button，Label，RichText，分别表示图片、按钮、普通文字、富文本，所以处理好这几个组件，就可以做多国语言切换了。

3.1　工具包简介

本书作者为大家提供了一些脚本工具，包括 LanguageSprite 组件，LanguageButton 组件，LanguageLabel 组件，LanguageRichText 组件，GlobalVar 全局文件，EnglishCfg 和 ChineseCfg 语言翻译数据文件。语言翻译数据文件可以根据自己需要增加，如繁体中文、日语、韩语等。

使用方法也非常简单，将本章提供的源码工具包解压后，将对应的脚本放到工程中即可，如图 3-1 所示。

图 3-1

每种语言都有唯一的 ID 标识，读者可以自己定义规范，如 zh：简体中文；en：英文。

3.2　工具源码分析

3.2.1　GlobalVar.js

本脚本的作用是定义一些全局变量，方便在游戏的任何模块中访问，使用引擎提供的语法 statics 完成静态变量的定义，源码如下：

```
/*** 管理全局变量 */
var GlobalVar = cc.Class({
    extends: cc.Component,
    // 静态变量或静态方法可以在原型对象的 statics 中声明
    statics: {
        // 语言，zh:简体中文；en: 英文
        language:"zh",
    },
});
window.Global = GlobalVar;
```

本代码只定义了一个 language 属性，标记用户当前的语言，在打包的时候可以设置一个默认值，或者玩家手动切换语言的时候修改此属性到对应的值，最后将 GlobalVar 赋值给 window.Global。

在后续的代码中就可以通过 Global.language 的值来判断当前的语言环境。

3.2.2　初始化 GlobalVar 脚本

新建一个自定义 JS 脚本，如命名为 lauch.js，只需要在 onLoad 函数中加载一次 GlobalVar 即可。

```
//lauch.js 脚本
cc.Class({
    extends: cc.Component,
    properties: {},
    // 初始化全局变量
    onLoad() {
        require('GlobalVar');
         // 这里就可以正常访问 Global.language 值了
        cc.warn(Global.language);
    },
});
```

将 lauch.js 脚本挂接到游戏的第一个场景中。注意，必须是第一个游戏运行的第一个场景，如热更新场景或 lauch 场景，如图 3-2 所示，根据自己情况进行设置。

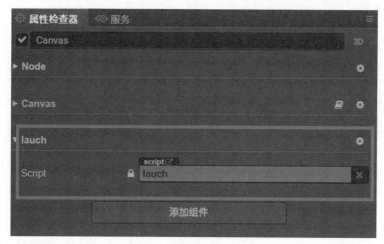

图 3-2

3.2.3 LanguageSprite 精灵图片脚本

本脚本需要开发者添加 2 张不同语言的图片资源，本脚本会根据当前的语言 ID 设置对应的图片到 Sprite 组件中的 SpriteFrame，所以添加了本脚本的组件，需要先添加 Sprite 组件。

源码如下：

```
// 替换翻译的图片资源 在所在 Sprite 节点下挂载此脚本
cc.Class({
    extends: cc.Component,

    properties: {
        zh_sprite: {
            default: null,
            type: cc.SpriteFrame,
            displayName: "请设置中文翻译图片"
        },
        en_sprite: {
            default: null,
            type: cc.SpriteFrame,
            displayName: "请设置英文翻译图片"
        }
    },

    // LIFE-CYCLE CALLBACKS:

    onLoad() {
```

```
            this.updateSprite();
        },

    updateSprite() {
        if (Global.language === "zh") {
            this.getComponent(cc.Sprite).spriteFrame = this.zh_sprite;
        } else if (Global.language === "en") {
            this.getComponent(cc.Sprite).spriteFrame = this.en_sprite;
        }
    },
});
```

3.2.4　LanguageButton 按钮脚本

本脚本需要开发者添加 4~8 张不同语言的图片资源，本脚本会根据当前的语言 ID，设置对应图片到 Button 的 normalSprite，pressedSprite，hoverSprite，disabledSprite。所以添加了本脚本的组件，需要先添加 Button 组件且 Button 组件需要设置为 cc.Button.Transition.SPRITE 模式。

源码如下：

```
// 翻译替换按钮图片资源，在所在 Button 节点下挂载此脚本
cc.Class({
    extends: cc.Component,
    properties: {
        zh_sprites: {
            displayName: " 中文图片数组 ",
            default:null,
            type:cc.Class({
                name:"zh_spritesList",
                properties:{
                    normalSprite:{
                        default:null,
                        type:cc.SpriteFrame
                    },
                    pressedSprite:{
                        default:null,
                        type:cc.SpriteFrame
                    },
                    hoverSprite:{
                        default:null,
                        type:cc.SpriteFrame
                    },
```

```
                    disabledSprite:{
                        default:null,
                        type:cc.SpriteFrame
                    }
                }
            })
        },
    en_sprites: {
        default: null,
        displayName: " 英文图片数组 ",
        type:cc.Class({
            name:"en_spritesList",
            properties:{
                normalSprite:{
                    default:null,
                    type:cc.SpriteFrame
                },
                pressedSprite:{
                    default:null,
                    type:cc.SpriteFrame
                },
                hoverSprite:{
                    default:null,
                    type:cc.SpriteFrame
                },

                disabledSprite:{
                    default:null,
                    type:cc.SpriteFrame
                }
            }
        })
    }
},

// LIFE-CYCLE CALLBACKS:
onLoad() {
    let btn = this.getComponent(cc.Button);
    let spritesList = this.zh_sprites;
    let unload = cc.director.getScene().name !== "login";
```

```
        if (Global.language === "zh") {
            spritesList = this.zh_sprites;
        }
        else if (Global.language === "en") {
            spritesList = this.en_sprites;
        }

        if(btn.transition == cc.Button.Transition.SPRITE){
            if(spritesList.normalSprite){
                btn.normalSprite = spritesList.normalSprite;
            }
            if(spritesList.pressedSprite){
                btn.pressedSprite = spritesList.pressedSprite;
            }
            if(spritesList.hoverSprite){
                btn.hoverSprite = spritesList.hoverSprite;
            }
            if(spritesList.disabledSprite){
                btn.disabledSprite = spritesList.disabledSprite;
            }
        }
        else if(btn.transition == cc.Button.Transition.SCALE){
            let sprCmp = btn.getComponent(cc.Sprite)
            if(sprCmp){
                sprCmp.spriteFrame = spritesList.normalSprite
            }
        }
    },
});
```

3.2.5　LanguageLabel 文字脚本

LanguageLabel 脚本是控制文字相关的翻译，所以需要两个翻译数据文件配合。如使用 ChineseCfg 和 EnglishCfg 翻译数据文件，这两个翻译数据文件要求对应的 id 属性名称必须一致，仅翻译文字内容不同。同样地，使用 LanguageLabel 的节点需要先添加 Label 组件。

1. LanguageLabel 脚本内容

```
// 翻译文本资源，所用 id 为 ChineseCfg 和 EnglishCfg 中 id 在所在 Label 节点下挂
// 载此脚本的值
cc.Class({
```

```
    extends: cc.Component,

    properties: {
        id:"",
        EngFont:cc.Font, // 英文的字体
    },

     onLoad () {
        this.updateLabel();
     },

    updateLabel(text){
        let labObj = this.getComponent(cc.Label);
        if(labObj){
            if(text)  labObj.string = text;
            else   labObj.string = cc.ww.Language[this.id]?cc.
ww.Language[this.id]:"";
                // 如果有配置字体，设置字体
                if(Global.language === "en" && this.EngFont){
                    labObj.font = this.EngFont
                }
            }
        },
    });
```

某些情况英文字体可能需要修改字体，此时可以设置 EngFont 属性。

2. ChineseCfg 中的内容

下面看翻译数据文件内容：

```
module.exports = {
    account: "账号",
    password: "密码",
    remember_psw: "记住密码",
    forget_psw: "忘记密码 >>>",
    login: "登录",
    input_acc_psw: "请输入账号和密码",
    err_id_psw: "账号或密码错误",
    acc_banned: "该账号已被封禁",
    login_afer_second: "请在 %s 秒后登录",  // 使用 cc.js.formatStr 格式化
};
```

3. EnglishCfg.js 文件的内容

```
module.exports = {
    account: "Account",
    password: "Password",
    remember_psw: "Remember",
    forget_psw: "Forgot>>>",
    login: "Login",
    input_acc_psw: "Please enter your account and password",
    err_id_psw: "Incorrect username or password",
    acc_banned: "This account has been banned",
    login_afer_second: "Please log in after %s seconds",
};
```

翻译数据对应的格式相同，属性名称相同，只有文本的翻译不同。针对某些可能变化的文字，如 " 请在 %s 秒后登录 "，中间的秒是变化的，可以配合引擎提供的 cc.js. formatStr 格式化函数。

4. 初始化配置数据

可以在 lauch.js 中或玩家手动切换完语言之后进行初始化。

```
//lauch.js 脚本
cc.Class({
    extends: cc.Component,
    properties: {},
    // 初始化全局变量
    onLoad() {
        require('GlobalVar');
        // 这里就可以正常访问 Global.language 值了
        cc.warn(Global.language);

        // 语言文字配置文件初始化，根据不同的语言选择不同的语言配置文件
        cc.ww = { };
            if(Global.language === "zh") cc.ww.Language = require("ChineseCfg");
        else  cc.ww.Language = require("EnglishCfg");
        cc.warn(cc.ww.Language.login)
    },
});
```

3.2.6 LanguageRichText 富文件脚本

基本原理和使用方法同 LanguageLabel，脚本源码如下：

```
cc.Class({
    extends: cc.Component,
    properties: {
        id:"",
    },
    // LIFE-CYCLE CALLBACKS:
    onLoad () {
        this.updateLabel();
    },
    updateLabel(text){
        if(text)  this.getComponent(cc.RichText).string = text;
            else    this.getComponent(cc.RichText).string = cc.ww.
Language[this.id];
    },
});
```

3.3 使用多国语言工具

本节演示使用提供的工具。

使用 Cocos Creator 新建工程，如 multi_language，创建好对应的目录 scene，script，tool，ui。导入对应的工具源码到 tool/scripts，并导入资源到 ui 目录。

对应的中英文资源如图 3-3 所示。

BtnLock_01.png

BtnLock_02.png

Image1.png

BtnLock_01.png

BtnLock_02.png

Image1.png

图 3-3

BtnLock_01.png 是按钮正常状态的图片，BtnLock_02.png 是按下状态的图片，而 Image1.png 模拟 Sprite 的多国语言图片，就是图片中带有语言文字。

在场景中依次创建精灵节点、Btn 节点、Label 节点，如图 3-4 所示。

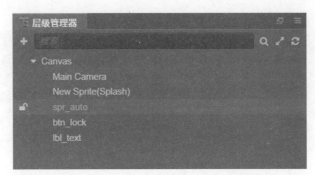

图 3-4

将 Image1 图片添加到 spr_auto 上，BtnLock_01 和 BtnLock_02 添加到 btn_lock 上，适当调整位置。

给 spr_auto 添加 LanguageSprite 脚本，如图 3-5 所示。

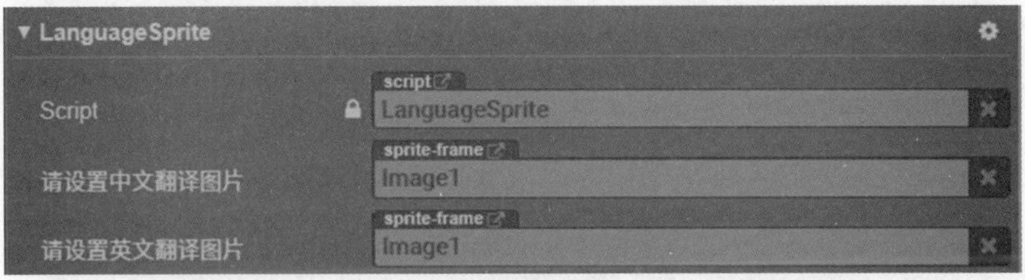

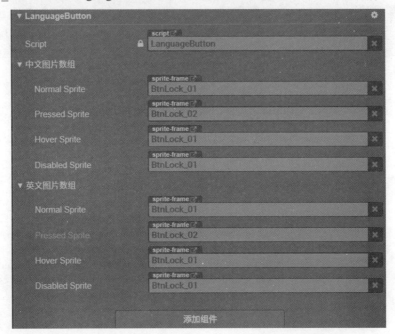

图 3-5

给 btn_lock 添加 LanguageButton 组件，如图 3-6 所示。

图 3-6

为 lbl_text 添加 LanguageLabel 组件，并设置相关的值，如 input_acc_psw，如图 3-7

所示。字段到 ChineseCfg 翻译数据文件中查找即可，如图 3-8 所示。

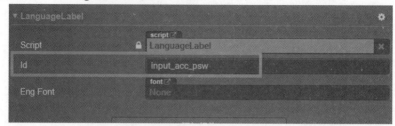

LanguageLabel
Script
script
LanguageLabel
Id
input_acc_psw
Eng Font
font
None

图 3-7

ChineseCfg.js
LanguageButton.js
LanguageLabel.js
LanguageRichText.js
//ChineseCfg.js
module.exports = {
account: "账号",
password: "密码",
rember_psw: "记住密码",
forgot_psw: "忘记密码>>>",
login: "登 录",
input_acc_psw: "请输入账号和密码",
err_id_psw: "账号或密码错误",
acc_banned: "该账号已被封禁",
login_afer_secord: "请在%s秒后登录",
};

图 3-8

首先检测中文，修改 GlobalVar 中的 language 字段为 zh，运行结果如图 3-9 所示。

请输入账号和密码
锁定
自动

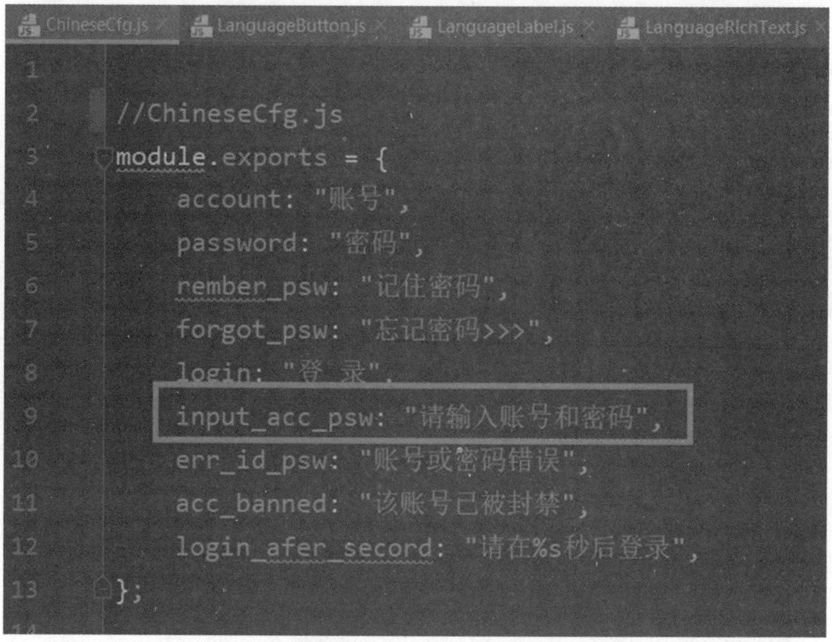

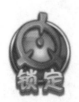

图 3-9

修改 GlobalVar 中的 language 字段为 en，运行结果如图 3–10 所示。

Please enter your account and password

图 3–10

可以看到，只要修改 language 为对应的属性值，运行时就可以动态地切换语言。

纯代码方式获得字符串的方法如下：

```
let perLineBetStr = cc.ww.Language.input_acc_psw;
cc.log(perLineBetStr);
```

格式化修改字符串方法，配合 cc.js.formatStr 使用。

在翻译数据文件 ChineseCfg.js 中设置如下：

```
login_afer_second: " 请在 %s 秒后登录 ":
```

程序中可以使用如下代码，表示 " 请在 5 秒后登录 "

```
let login_afer_second = cc.js.formatStr(cc.ww.Language.login_afer_
second, 5);
```

3.4　本章小结

本章介绍了 Cocos Creator 中设置多国语言的一种方案，官方提供了 i18n，原理也是类似的，感兴趣的读者可以自己尝试一下。

多国语言一般修改对应的 Sprite 图片，Label 文字和 Button 即可。

第 4 章　存储和读取用户数据

在游戏中通常需要存储用户数据，如音乐开关、显示语言等，如果是单机游戏，还需要记录玩家存档。Cocos Creator 中使用 cc.sys.localStorage 接口来进行用户数据存储和读取的操作。

cc.sys.localStorage 接口是按照 Web Storage API 来实现的，在 Web 平台中运行时会直接调用 Web Storage API，在原生平台上会调用 splite 的方法来存储数据。一般用户不需要关心内部的实现。

4.1　存储数据

方法如下：

```
cc.sys.localStorage.setItem(key, value)
```

上面的方法需要两个参数，用来索引的字符串键值 key 和要保存的字符串数据 value。

假如我们要保存玩家持有的金钱数，假设键值为 gold：

```
cc.sys.localStorage.setItem('gold', 100);
```

对于复杂的对象数据，我们可以通过将对象序列化为 JSON 后保存：

```
userData = {
    name: 'Tracer',
    level: 1,
    gold: 100
};


cc.sys.localStorage.setItem('userData', JSON.stringify(userData));
```

4.2　读取数据

方法如下：

```
cc.sys.localStorage.getItem(key)
```

和 setItem 相对应，getItem 方法只要一个键值参数就可以取出我们之前保存的值了。对于上文中存储的用户数据，读取方法如下：

```
let userData = JSON.parse(cc.sys.localStorage.getItem('userData'));
```

4.3　移除键值对

当我们不再需要一个存储条目时，可以通过下面的接口将其移除：

```
cc.sys.localStorage.removeItem(key)
```

4.4　数据加密

对于单机游戏来说，对玩家存档进行加密可以延缓游戏被破解的时间。要加密存储数据，只要在将数据通过 JSON.stringify 转化为字符串后调用加密算法进行处理，再将加密结果传入 setItem 接口即可。

您可以搜索并选择一个适用的加密算法和第三方库，比如 encrypt.js，将下载好的库文件放入你的项目中。

存储时：

```
let encrypt=require('encryptjs');
let secretkey= 'open_sesame'; // 加密密钥
let dataString = JSON.stringify(userData);
let encrypted = encrypt.encrypt(dataString,secretkey,256);
cc.sys.localStorage.setItem('userData', encrypted);
```

读取时：

```
let cipherText = cc.sys.localStorage.getItem('userData');
let userData=JSON.parse(encrypt.decrypt(cipherText,secretkey,256));
```

注意：数据加密不能保证对用户档案的完全掌控，如果需要确保游戏存档不被破解，应使用服务器进行数据存取。

4.5　本章小结

本章介绍了 Cocos Creator 中如何进行数据的持久化操作，包括数据的存储、读取和数据加密。

第 5 章　3D 系统

Cocos Creator 从 2.1 版本开始引入了对 3D 的支持。3D 特性的加入可以大大丰富 2D 游戏的表现力，减轻 2D 游戏的资源开销。在 Creator 2.1 版本中，支持了 3D 模型渲染、3D Camera、3D 骨骼动画等 3D 特性，同时编辑器原生支持解析 FBX 格式的 3D 模型文件，不需要额外的导入流程。

注意：在 v2.1.1 中已支持 3D 场景编辑，可单击编辑器上方的 3D 按钮将场景切换到 3D 模式进行编辑。3D 碰撞检测尚没有加入，如果需要设置 Camera 的 FOV 等参数，可在编辑器中将 Camera 所在节点切换至 3D 模式，见图 5-1。

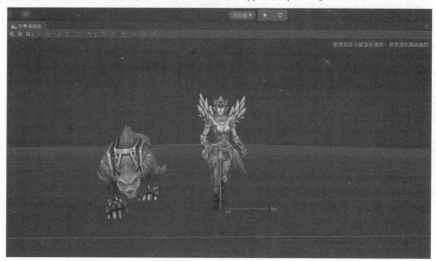

图 5-1

5.1　3D 节点

5.1.1　升级 Node API

由于 Cocos Creator 在 v2.1 中支持了 3D 的特性，所以相应节点的 API 也需要由 2D 升级到支持 3D 的使用。

影响比较大的改动是 rotation 的类型从 Number 改为 cc.Quat，如果要像之前那样在 2D 空间旋转节点，那么可以使用 angle 属性。相应的 setRotation 和 getRotation 也改为使用 cc.Quat。

具体的升级可以参考表 5-1(具体情况请以官方实际发行的 Creator 版本为准)。

表 5-1

API	v2.0.3	v2.1－2.4	v2.5
rotationX, rotationY	保留	用 eulerAngles 代替	废弃
rotation	保留，number 类型	用 angle 代替	cc.Quat 类型
angle	新添加属性，代替 rotation 属性	代替 rotation 属性	代替 rotation 属性
scale	保留，number 类型	保留，number 类型	保留，number 类型
getRotation()	保留，number	废弃，使用 angle 属性	cc.Quat 类型
getRotation(cc.Quat)	cc.Quat 类型	cc.Quat 类型	cc.Quat 类型
setRotation（旧版）	保留	使用 angle 属性代替	cc.Quat 类型
setRotation（新版）	设置 cc.Quat 类型的值	设置 cc.Quat 类型的值	设置 cc.Quat 类型的值
getScale()	保留，number 类型	使用 scale 属性	cc.Vec2 / cc.Vec3 类型
getScale(cc.Vec2/cc.Vec3)	使用 cc.Vec2 或者 cc.Vec3 类型	使用 cc.Vec2 或者 cc.Vec3 类型	使用 cc.Vec2 或者 cc.Vec3 类型
setScale	保留	保留	保留
position	cc.Vec2 类型	cc.Vec3 类型	cc.Vec3 类型

5.1.2　开启 3D 节点

Cocos Creator 2.1 加入了 3D 支持后，节点会分为 2D 节点和 3D 节点，它们的区别在于 2D 节点在做矩阵计算或者一些属性设置的时候只会在 2D 空间下进行，这样能节省很大一部分运行开销。

默认新创建出来的节点都是 2D 节点，有以下两种方式可以设置该节点为 3D 节点。

（1）在编辑器操作。

单击【属性检查器】右上方的 3D 按钮进行切换，如图 5-2 所示。

图 5-2

可以看到,当节点切换为 3D 节点后,Rotation(旋转)、Position(位移)、Scale(缩放)等参数中,可以设置的值都从两个变成了三个,增加了 Z 轴坐标。这样在【属性检查器】中就可以很方便地编辑节点的 3D 属性了。

(2)在代码中切换。

代码如下:

```
node.is3DNode = true;
```

5.2　3D 场景

从 v2.1.1 开始,Creator 支持一键将场景切换为 3D 编辑模式,方便对 3D 对象、摄像机、光照等进行编辑。同时还新增了独立的【游戏预览】面板,能够在场景编辑的过程中直观地预览摄像机看到的画面。

5.2.1　3D 场景编辑

单击编辑器左上方的 3D 按钮,如图 5-3 所示,即可将【场景编辑器】切换为 3D 编辑模式,如图 5-4 所示。

图 5-3

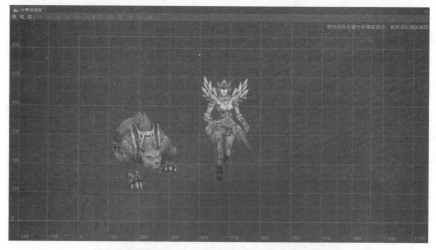

图 5-4

此时,可使用鼠标右键旋转场景视角,使用滚轮缩放场景视图,配合键盘的 W、A、S、D 键分别进行向前、向后、向左、向右移动,如图 5-5 所示。

图 5-5

注意：在做 3D 项目的时候，通常我们会为 UI 和场景分配多个 Camera。在这种情况下需要正确设置 Camera 的 depth 属性，否则可能导致遮挡顺序错误。

5.2.2　【游戏预览】面板

用户可以通过执行【面板】→【游戏预览】菜单命令来打开【游戏预览】面板，如图 5-6 所示。

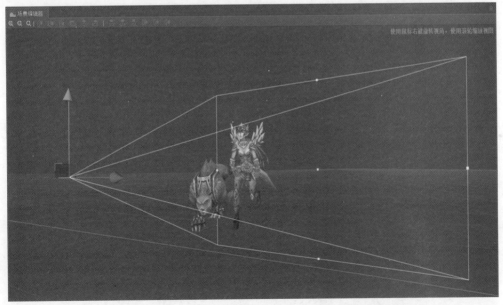

图 5-6

【游戏预览】面板可作为独立窗口，也可直接拖进编辑器主窗口。调整场景中的摄像机即可在【游戏预览】面板直观地预览摄像机看到的画面，如图 5-7 所示。

图 5-7

5.2.3　3D 摄像机属性

方框内属性在摄像机节点设置为 3D 节点后才会显示在【属性检查器】中，如图 5-8 所示。

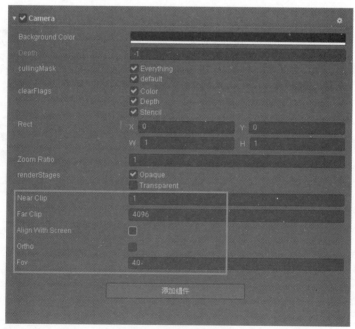

图 5-8

● NearClip：摄像机的近剪裁面。

● FarClip：摄像机的远剪裁面。

● Ortho：设置摄像机的投影模式是正交（true）还是透视（false）模式。

● Fov: 决定摄像机视角的高度，当 AlignWithScreen 和 Ortho 都设置为 false 时生效。

这几个关键参数间的关系，读者可以参考图 5-9 加深理解。

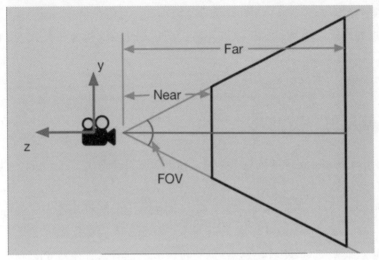

图 5-9

5.2.4　摄像机方法

常用摄像机方法解释说明如下。

● cc.Camera.findCamera：findCamera 会通过查找当前所有摄像机的 cullingMask 是否包含节点的 group 来获取第一个匹配的摄像机。如：

```
cc.Camera.findCamera(node);
```

● containsNode：检测节点是否被此摄像机影响。

● render：如果要立即渲染摄像机，可以调用这个方法来手动渲染摄像机，比如截图的时候。如：

```
camera.render();
```

5.2.5　坐标转换

当摄像机被移动、旋转或者缩放后，用单击事件获取到的坐标去测试节点的坐标，往往是获取不到正确结果的。

因为此时获取到的单击坐标是屏幕坐标系下的坐标，我们需要将这个坐标转换到世界坐标系下，才能继续与节点的世界坐标进行运算。

下面是一些坐标系转换的函数。

●将一个屏幕坐标系下的点转换到世界坐标系下：

```
camera.getScreenToWorldPoint(point, out);
```

●将一个世界坐标系下的点转换到屏幕坐标系下：

```
camera.getWorldToScreenPoint(point, out);
```

●获取屏幕坐标系到世界坐标系的矩阵，只适用于 2D 摄像机并且 alignWithScreen 为 true 的情况：

```
camera.getScreenToWorldMatrix2D(out);
```

●获取世界坐标系到屏幕坐标系的矩阵，只适用于 2D 摄像机并且 alignWithScreen 为 true 的情况：

```
camera.getWorldToScreenMatrix2D(out);
```

5.3　导入 3D 模型资源

目前 Cocos Creator 支持导入的 3D 模型格式为使用非常广泛的 .fbx，基本上 3D 建模软件都支持导出这种格式。

导入的流程很简单，只需要将 .fbx 模型资源拖入【资源管理器】，等待片刻即可完成导入工作。导入完成后，在【资源管理器】中看到导入后的模型资源是一个可以展开的文件夹，导入模型的时候编辑器会自动解析模型的内容，并生成 Prefab、网格、骨骼动画等资源，如图 5-10 所示。

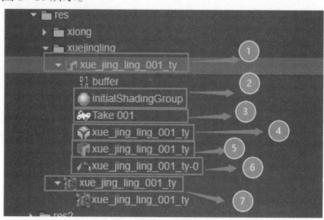

图 5-10

图中，1 代表模型资源文件；2 代表材质球资源（可以在此处设置材质贴图资源）；3 代表骨骼动画资源文件；4 代表 Mesh 网格资源文件；5 代表 Prefab 资源文件；6 代表 Skeleton 骨骼数据资源；7 代表贴图图片资源。

注意：导入的时候那些自动生成的 Prefab 资源是不能修改的，如果需要修改，可以将这个自动生成的 Prefab 拖曳到【场景编辑器】中进行编辑。编辑完成后，将其拖曳到【资源管理器】的任意文件夹中生成新的 Prefab，用这个新的 Prefab 作为自己的 Prefab 来使用。

5.3.1　关联贴图资源

大部分模型都会有贴图资源，在导入模型的时候，需要将这些贴图资源放到指定的位置，才会被导入系统找到并关联到 Mesh Renderer（或者 Skinned Mesh Renderer) 中。导入系统会先从模型文件夹下开始查找对应的贴图。

注意：贴图需要在模型之前导入，或者和模型同时导入才能被正确搜索到。

如果引擎未能自动解析出对应的贴图资源，我们可以手动添加贴图资源到材质球上，方法如图 5-11 所示。

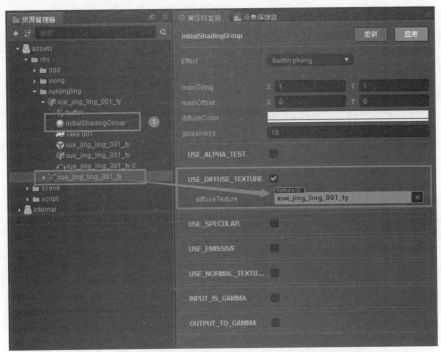

图 5-11

（1）在 Cocos Creator 的【资源管理器】中选定 FBX 模型下面的材质球（图中序号 1 ）。

（2）勾选 USE_DIFFUSE_TEXTURE 选项。

（3）将对应的贴图资源用鼠标拖到 diffuseTexture 中。

5.3.2　关联骨骼动画资源

骨骼动画剪辑可以和网格资源一起放在模型中，也可以单独放到另外一个模型中，并以 "模型名字 @ 动画名字" 的方式命名这个模型。单独存放的骨骼动画剪辑在导入时会以指定的命名来命名这个剪辑，如图 5-12 所示。

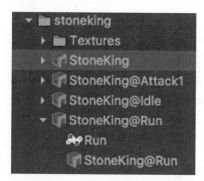

图 5-12

如果模型中有骨骼动画的话，导入系统会自动给模型的 Prefab 添加一个骨骼动画组件 (SkeletonAnimation)。

当单击组件中的【搜索骨骼动画】按钮时，组件会搜索当前模型和当前模型文件夹下以"模型名字@动画名字"格式命名的模型，并且关联其中的骨骼动画剪辑，如图 5-13所示。

图 5-13

5.3.3 配置模型参数

导入模型后，在【资源管理器】中选中模型，就可以在【属性检查器】中设置模型导入参数了。

1. 模型参数

缩放：设置导入的预制根节点大小。导入模型时为根节点设置的缩放值。默认值为 1，如图 5-14 所示。

图 5-14

2. 动画

预先计算骨骼矩阵：在加载骨骼动画数据时，会预先计算出每根骨骼在每一个时间点的矩阵，以节省动态计算骨骼矩阵的步骤，可以大幅提高效率，默认为不勾选。

注意：开启此选项的模型要与 SkeletonAnimation 组件上的模型一致才可以。

动画帧率：调整动画预先计算生成的动画剪辑的帧率，减少帧率可以降低内存的消耗。仅在勾选了【预先计算骨骼矩阵】选项后才生效。默认值为 30 FPS，如图 5-15 所示。

图 5-15

5.4　Mesh（网格）资源参考

Mesh 资源是渲染网格的必要资源，网格可以由多种方式获取到。

●在导入模型到编辑器中的时候由编辑器自动生成。

●用户从脚本中手动创建或修改网格，通过这种方式可以非常方便地定制自己的网格。

Mesh 资源中包含了一组顶点和多组索引。索引指向顶点数组中的顶点，每三组索引组成一个三角形。网格则是由多个三角形组成的。

Mesh 资源支持动态修改顶点数据和索引数据，并且提供了几个非常简单易用的API。

1. API 介绍

● init(vertexFormat, vertexCount, dynamic)

Mesh 资源允许自定义顶点数据，用户可以按照自己的需求来设置顶点数据的属性。

init 函数会根据传入的顶点格式 vertexFormat 和顶点数量 vertexCount 创建内部顶点数据。如果顶点数据需要经常修改，那么 dynamic 应该设置为 true。

● setVertices(name, values, index)

根据传入的顶点属性名 name 来修改对应的数据为 values。index 指明修改的是哪一组顶点数据，默认值为 0。

● setIndices(indices, index)

修改指定索引数组的数据为 indices，index 指明修改的是哪一组索引数据，默认值为 0。

2. 示例

```
let gfx = cc.renderer.renderEngine.gfx;
// 定义顶点数据格式，只需要指明所需的属性，避免造成存储空间的浪费
var vfmtPosColor = new gfx.VertexFormat([
// 用户需要创建一个三维的盒子，所以需要三个值来保存位置信息
{ name: gfx.ATTR_POSITION, type: gfx.ATTR_TYPE_FLOAT32, num: 3 },
{ name: gfx.ATTR_UV0, type: gfx.ATTR_TYPE_FLOAT32, num: 2 },
{ name: gfx.ATTR_COLOR, type: gfx.ATTR_TYPE_UINT8, num: 4, normalize:
true },
    ]);

let mesh = new cc.Mesh();
// 初始化网格信息
mesh.init(vfmtPosColor, 8, true);
// 修改 position 顶点数据
mesh.setVertices(gfx.ATTR_POSITION, [
cc.v3(-100, 100, 100), cc.v3(-100, -100, 100), cc.v3(100, 100, 100),
cc.v3(100, -100, 100),
    cc.v3(-100, 100, -100), cc.v3(-100, -100, -100), cc.v3(100, 100,
-100), cc.v3(100, -100,        -100)
    ]);

    // 修改 color 顶点数据
    let color1 = cc.Color.RED;
    let color2 = cc.Color.BLUE;
    mesh.setVertices(gfx.ATTR_COLOR, [
        color1, color1, color1, color1,
        color2, color2, color2, color2,
```

```
]);

// 修改 uv 顶点数据
mesh.setVertices(gfx.ATTR_UV0, [
    cc.v2(0,0), cc.v2(0, 1), cc.v2(1, 0), cc.v2(1, 1),
    cc.v2(1,1), cc.v2(1, 0), cc.v2(0, 1), cc.v2(0, 0),
]);

// 修改索引数据
mesh.setIndices([
    0, 1, 2, 1, 3, 2, // front
    0, 6, 4, 0, 2, 6, // top
    2, 7, 6, 2, 3, 7, // right
    0, 5, 4, 0, 1, 5, // left
    1, 7, 5, 1, 3, 7, // bottom,
    4, 5, 6, 5, 7, 6, // back
]);
```

5.5　Mesh Renderer 组件参考

Mesh Renderer 用于绘制网格资源，如果网格资源中含有多个子网格，那么 Mesh Renderer 中也需要有对应多的贴图才能正确绘制网格。

5.5.1　Mesh Renderer 组件属性

界面如图 5-16 所示。

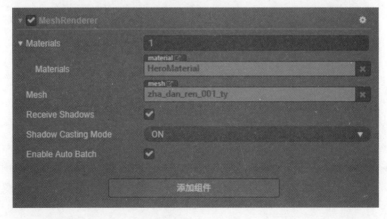

图 5-16

● Mesh：指定渲染所用的网格资源。

● Materials：网格资源允许使用多个材质资源，所有材质资源都保存在 Materials 数组中。

如果网格资源中有多个子网格，那么 Mesh Renderer 会从 Materials 数组中获取对应的贴图来渲染此子网格。

● Receive Shadows：接收阴影显示。

● Shadow Casting Mode：阴影投射模式 ON 或 OFF。

● Enable Auto Batch：自动批处理操作。

5.5.2　调试

网格的顶点数据一般都比较抽象，不太容易看出网格里面的三角形是如何分布的。这时候用户可以开启线框模式，用线段按照三角形的分布连接顶点与其他顶点，这样就比较容易看出网格顶点的数量和分布了。设置方法如下：

```
cc.macro.SHOW_MESH_WIREFRAME = true;
```

5.6　Skinned Mesh Renderer 组件参考

Skinned Mesh Renderer 组件继承自 Mesh Renderer，所以 Skinned Mesh Renderer 组件也可以指定 Mesh 和 Materials 属性，界面如图 5-17 所示。

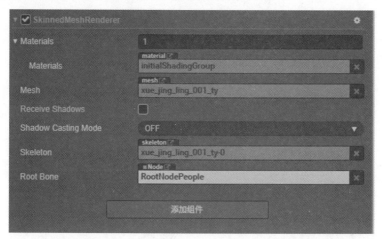

图 5-17

Skinned Mesh Renderer 组件中两个特有的属性。

（1）Skeleton：通常指向模型中的骨骼数据资源。

（2）Root Bone：当前网格渲染组件归属的骨骼根节点，通常包含了 Bone 所有骨骼节点的父节点，所以一般情况下也将 Skinned Mesh Renderer 组件包括在此父节点下面，如图 5-18 所示。

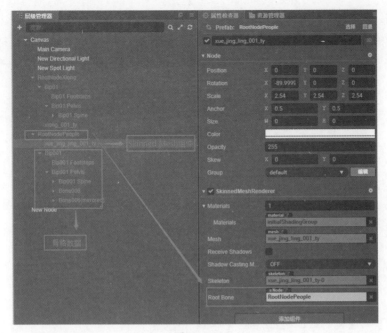

图 5-18

　　Cocos Creator 使用 Skinned Mesh Renderer 组件来渲染骨骼动画,骨骼动画会将网格中的顶点关联到骨架(即一组节点)上,然后骨骼动画会在预先编辑好的动画中驱动这个骨架,使网格变形以产生动画的效果。

　　在导入模型时,如果模型中有骨骼动画,则编辑器会自动添加 Skinned Mesh Renderer 组件到生成的 Prefab 中。

5.7　骨骼动画组件参考

　　骨骼动画组件继承自动画组件,骨骼动画组件的使用方法与动画组件没有太大区别,只是骨骼动画组件使用的剪辑只能是骨骼动画剪辑 cc.SkeletonAnimationClip,并且骨骼动画组件提供了搜索骨骼动画剪辑的快捷方法,如图 5-19 所示。

图 5-19

骨骼动画组件是在导入模型时自动添加到模型 Prefab 中的，方法和使用动画组件的接口是一样的。如：

```
let skeletonAnimation = node.getComponent(cc.SkeletonAnimation);
skeletonAnimation.play('idle');
```

5.8　碰撞检测

Cocos Creator 提供了一套用于检测 3D 物体碰撞的 API，用户可以使用这些 API 做射线之类的检测。如：

```
cc.geomUtils.intersect.raycast(rootNode, ray, handler, filter)
// 根据单击的点获取一条由屏幕射向屏幕内的射线
let ray = camera.getRay(touchPos);
// 根据传入的根节点向下检测，并返回检测结果
// 返回的结果包含了节点和距离
let results = cc.geomUtils.intersect.raycast(cc.director.getScene(),
ray);for (let i = 0; i < results.length; i++) {
    results[i].node.opacity = 100;
}
```

如果希望检测得更精确，可以传入一个 handler 函数来进行检测。

```
let handler = function (modelRay, node, distance) {
    // modelRay 为 ray 转换到 node 本地坐标系下的射线
    let meshRenderer = node.getComponent(cc.MeshRenderer);
    if (meshRenderer && meshRenderer.mesh) {
        // 如果有 mesh renderer，则对 mesh 进行检测，虽然比较消耗性能，但是检
测会更加精确
        return cc.geomUtils.intersect.rayMesh(modelRay, meshRenderer.
mesh);
    }
    // 返回
    return distance;
};
let results = cc.geomUtils.intersect.raycast(cc.director.getScene(),
ray, handler);
```

5.9　光照

在 3D 场景中添加光源可以使场景产生相应的光照和阴影效果，获得更好的视觉效果。单击编辑器左上方的 3D 按钮将【场景编辑器】切换至 3D 场景模式，可以更好地对光源进行编辑。

5.9.1　添加光源

添加光源有以下两种方式。

（1）在【层级管理器】中单击左上角的【+】按钮，然后选择【创建灯光】菜单命令，就可以创建一个包含有 光源组件 的节点到场景中，如图 5-20 所示。

（2）在【层级管理器】中选择需要添加光源的节点，然后单击【属性检查器】下方的【添加组件】按钮，从 渲染组件 中选择 Light，即可添加 Light 组件到节点上，如图 5-21 所示。

图 5-20

图 5-21

5.9.2　光源类型

光源类型包括平行光、点光源、聚光灯、环境光四种。可以通过以下两种方式选择光源类型。

（1）单击【层级管理器】左上角的【+】按钮，然后选择【创建灯光】菜单命令，再选择光源类型（如 Directional），即可创建所需光源，如图 5-22 所示。

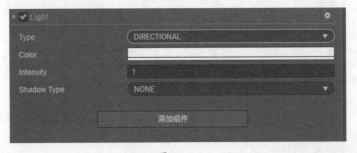

图 5-22

（2）在节点的【属性检查器】中添加 Light 组件之后，直接设置 Light 组件的 Type 属性，如图 5-23 所示。

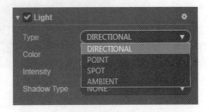

图 5-23

5.9.3　平行光

平行光（Directional）是最常见的一种光源，光照效果不受光源位置和朝向的影响，适合用于实现太阳光（如图 5-25 所示，平行光在平面上产生的光照亮度都是一样的）。但是旋转会影响到平行光照射的方向，而光照方向又会影响到模型接受光照的范围以及模型产生阴影的位置。

用户可以通过修改【属性检查器】中 Light 组件的 Color 属性来调整光源颜色，通过修改 Indensity 属性来调整光源强度。

例如将 Color 改为绿色，如图 5-24 所示，则被光照射到的人物将显示绿色效果。

图 5-24

预览的效果如图 5-25 所示。

图 5-25

5.9.4　点光源

点光源（Point）位于空间的一个点上，并向所有方向均匀地发散光线，接近于蜡烛产生的光线。光照强度会随着跟光源距离的增大而减小。在编辑器中可以看到光源位置和它的照射范围，同时可以通过修改【属性检查器】中 Light 组件的 Range 属性来修改点光源的光照范围，如图 5-26 所示。

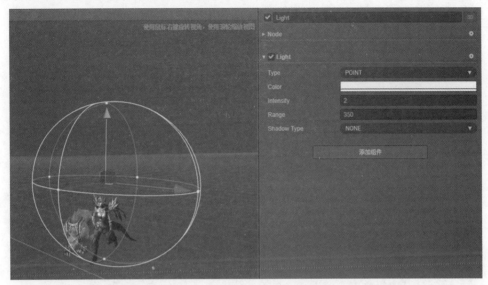

图 5-26

5.9.5　聚光灯

聚光灯（Spot）是由一个点向一个方向发射一束光线，接近于手电筒产生的光线。它比其他类型的光源多了 Spot Angle 属性，用于调整聚光灯的光照范围，如图 5-27 所示。

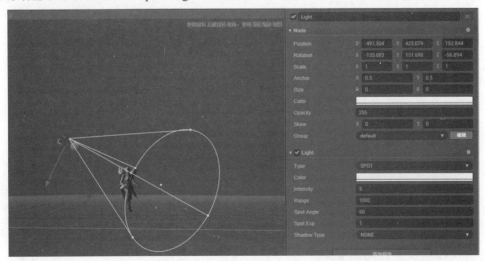

图 5-27

5.9.6 环境光

环境光可以均匀地照亮场景中的所有物体，帮助提升场景亮度，常用于解决模型背光面全黑的问题。环境光一般需要配合其他类型的光源一起使用，例如场景中只有一个平行光，那么在模型的背光源处会显得非常暗，加入环境光则可以提升模型背部的亮度，显得更加美观，见图 5-28。

图 5-28

注意：由于环境光是没有方向的，所以不能产生阴影。环境光可以放在场景中的任意节点上，与坐标无关，放在任意位置都可以。

5.9.7 设置阴影

要使物体产生阴影，需要以下几个步骤。

（1）更改光源组件上的 Shadow Type 参数。NONE 表示光源不会生成阴影，HARD 表示光源会生成硬阴影。

（2）选择要生成阴影的 MeshRenderer 组件，更改 Shadow Casting Mode 参数。OFF 表示不会生成阴影，ON 表示会生成阴影。

（3）选择要接受阴影的 MeshRenderer 组件，更改 Receive Shadows 参数，True 表示会接受阴影，反之则不会接受阴影。

5.10　光源组件参考

光源组件定义了光源的类型、颜色、强度以及产生的阴影类型，如图 5-29 所示，在场景中加入光源能将模型渲染得更加立体。

图 5-29

单击【属性检查器】下面的【添加组件】按钮，然后从渲染组件中选择 Light，即可添加 Light 组件到节点上。

Light 属情见表 5-2。

表 5-2

属性	功能说明
Type	支持的光源类型，包括 DIRECTIONAL（平行光）、POINT（点光源）、SPOT（聚光灯）和 AMBIENT 四种。不同的类型表现会有些差别
Color	光源的颜色
Intensity	光照强度，值越大，光照越亮
Range	光源照射的半径范围。仅在 Type 设为 POINT 和 SPOT 时才生效
Spot Angle	光源照射的角度范围。仅在 Type 设为 SPOT 时才生效
Spot Exp	值越大，光源照射的边缘越柔和。仅在 Type 设为 SPOT 时才生效
Shadow Type	光源照射产生的阴影类型，包括 NONE（不产生阴影）和 HARD（产生硬边缘阴影）两种
Shadow Resolution	阴影分辨率，值越大，阴影越清晰。在 Shadow Type 不设为 NONE 时生效
Shadow Darkness	阴影暗度，值越大，阴影越暗。在 Shadow Type 不设为 NONE 时生效
Shadow Min Depth	光源产生阴影的最小距离，如果物体跟光源的距离小于最小距离，则不会产生阴影。在 Shadow Type 不设为 NONE 时生效
Shadow Max Depth	光源产生阴影的最大距离，如果物体跟光源的距离大于最大距离，则不会产生阴影。在 Shadow Type 不设为 NONE 时生效
Shadow Depth Scale	光源深度缩放值，值越大，阴影越暗。在 Shadow Type 不设为 NONE 时生效
Shadow Frustum Size	平行光中视锥体的大小，决定平行光产生阴影的范围。仅在 Shadow Type 不设为 NONE，Type 设为 DIRECTIONAL 时生效

5.11 基础 3D 物体

Cocos Creator 可以导入由大部分 3D 模型制作软件生成的模型文件，也可以直接在 Creator 中创建一些常见的基础 3D 物体，比如长方体、胶囊体、球体、圆柱体等。

Creator 提供了以下两种方式来创建基础 3D 物体。

5.11.1 通过脚本创建

Cocos Creator 提供了 cc.primitive 脚本接口来创建基础 3D 模型的顶点数据，然后根据这些顶点数据创建出对应的 Mesh 给 Mesh Renderer 组件使用。

```
function createMesh (data, color) {
    let gfx = cc.gfx;
    let vfmt = new gfx.VertexFormat([
    { name: gfx.ATTR_POSITION, type: gfx.ATTR_TYPE_FLOAT32, num: 3 },
    { name: gfx.ATTR_NORMAL, type: gfx.ATTR_TYPE_FLOAT32, num: 3 },
    { name: gfx.ATTR_COLOR, type: gfx.ATTR_TYPE_UINT8, num: 4,
normalize: true },
    ]);

    let colors = [];
    for (let i = 0; i < data.positions.length; i++) {
        colors.push(color);
    }

    let mesh = new cc.Mesh();
    mesh.init(vfmt, data.positions.length);
    mesh.setVertices(gfx.ATTR_POSITION, data.positions);
    mesh.setVertices(gfx.ATTR_NORMAL, data.normals);
    mesh.setVertices(gfx.ATTR_COLOR, colors);
    mesh.setIndices(data.indices);
    mesh.setBoundingBox(data.minPos, data.maxPos);

    return mesh;
}

// 创建长方体顶点数据
let data = cc.primitive.box(100, 100, 100);
// 根据顶点数据创建网格
let mesh = createMesh(data, cc.color(100, 100, 100));
// 将创建的网格设置到 Mesh Renderer 上
```

```
let renderer = this.getComponent(cc.MeshRenderer);
renderer.mesh = mesh;
```

5.11.2 通过编辑器创建

在【层级管理器】中单击左上角的【+】按钮，然后执行【创建 3D 节点】菜单命令，即可在编辑器内创建长方体、胶囊体、球体、圆柱体等基础 3D 物体，如图 5-30 所示。

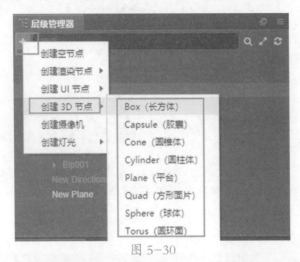

图 5-30

（1）创建长方体，界面如图 5-31 所示。

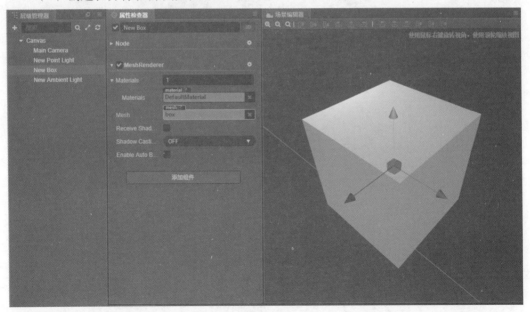

图 5-31

（2）创建胶囊体，界面如图 5-32 所示。

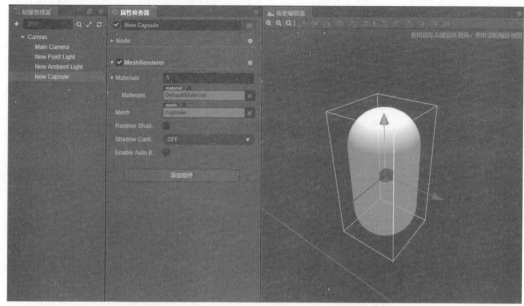

图 5-32

（3）创建圆锥体，界面如图 5-33 所示。

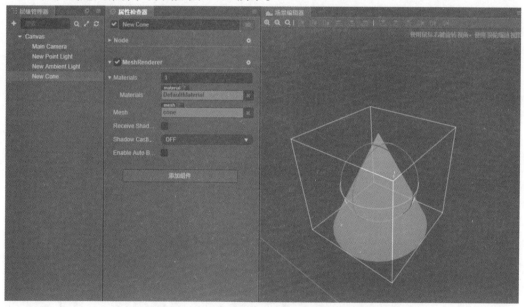

图 5-33

（4）创建圆柱体，界面如图 5-34 所示。

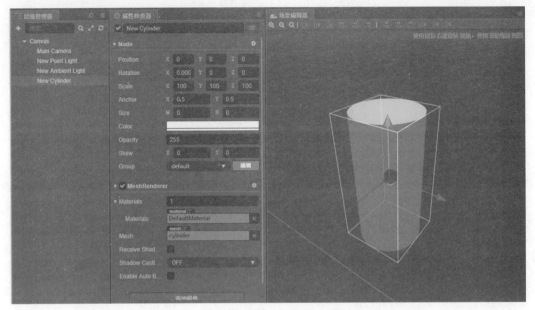

图 5-34

（5）创建平面，界面如图 5-35 所示。

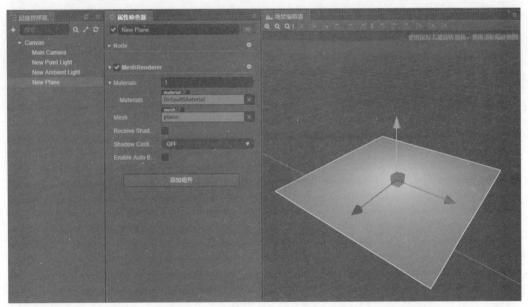

图 5-35

（6）创建面片，界面如图 5-36 所示。

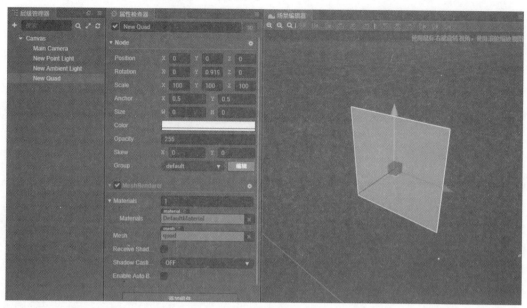

图 5-36

（7）创建球体，界面如图 5-37 所示。

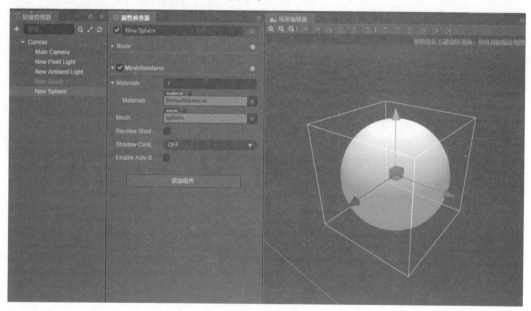

图 5-37

（8）创建圆环，界面如图 5-38 所示。

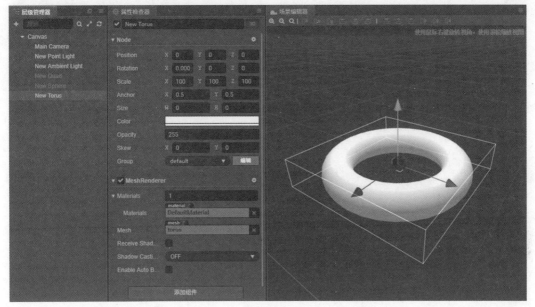

图 5-38

5.12　本章小结

本章介绍了 Cocos Creator 2.1 之后引入了的 3D 特效。3D 特性的加入可以大大丰富 2D 游戏的表现力，减轻 2D 游戏的资源开销。在 Creator 2.1 版本中，支持了 3D 模型渲染、3D Camera、3D 骨骼动画等 3D 特性，同时编辑器原生支持解析 FBX 格式的 3D 模型文件，不需要额外的导入流程。

本章首先介绍了 3D 节点及其开启方法，3D 场景编辑和【游戏预览】面板，3D 模型文件的导入，关联贴图资源，模型中动画参数配置，后续介绍了 Mesh 网格资源相关知识和碰撞检测的知识。

Cocos Creator 引入了非常重要的光照系统，包括平行光、点光源、聚光灯、环境光及其光源配合模型实现阴影效果的方法。

Cocos Creator 还引入了 8 种基本类型的模型，读者在创建游戏的初期可以利用这些基本模型实现场景搭建和游戏逻辑的编写，待美工设计好之后再导入工程中进行替换，可以极大地提高开发效率。

相信通过本章的学习，读者对于 Cocos Creator 中的 3D 系统有了初步的认识，可以设计出精美的 3D 游戏。官方针对 3D 系统又发布了一款全新的游戏引擎 Cocos Creator 3D 版本，感兴趣的读者可以查看相关网站来了解。

第6章　合图处理

在游戏开发中，Draw call 作为一个非常重要的性能指标，直接影响游戏的整体性能表现。Draw call 就是 CPU 调用图形 API（比如 OpenGL）命令 GPU 进行图形绘制。一次 Draw call 就代表一次图形绘制命令，由于 Draw call 带来的 CPU 及 GPU 的渲染状态切换消耗很大，往往需要通过批次合并来降低 Draw call 的调用次数。批次合并的本质就是在一帧的渲染过程中，保证连续节点的渲染状态一致，将尽可能多的节点数据合并一次性提交，从而减少绘图指令的调用次数，降低图形 API 调用带来的性能消耗，同时也可以避免 GPU 进行频繁的渲染状态切换。渲染状态就包括纹理状态、Blend 模式、Stencil 状态、Depth Test 状态，等等。

6.1　UI 渲染批次合并指南

6.1.1　纹理状态

在 Creator 中可编辑的纹理状态包括：纹理的图片资源，纹理的 Filter 模式，纹理的 Premultiply 状态，纹理的 Wrap 模式，如图 6-1 所示。

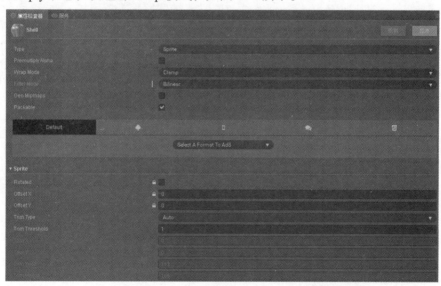

图 6-1

为了保证节点使用的纹理图片资源一致，引擎提供静态合图功能。

6.1.2　静态合图

静态合图即为编辑器提供的自动图集功能，以及其他第三方图集打包工具，如 TexturePacker 等。在资源层面进行散图合并，可保证 UI 节点使用的都是同一张贴图，因为同一张图集的纹理状态都是一致的，所以能够达到渲染批次合并对纹理状态的要求。对于 Label 组件，为了保证所有的 Label 节点使用相同的纹理，通常会使用 BMFont 将要使用的 UI 文字提前进行打包，并使用引擎的自动图集将散图合并进一张大的纹理，即可与其他相邻的 Sprite 节点进行批次合并。新建一个自动图集资源配置，然后把所有希望进行合图的 UI 图片、BMFont 和艺术数字都拖到自动图集资源所在的目录即可。通过 BMFont 字体制作工具，可以将常用的美术字或者文本制作生成一张字体图片及其字体映射文件，然后直接拖入编辑器中使用。

6.1.3　静态合图的最佳实践

由于不同平台对纹理尺寸有限制，尺寸最好控制在 2048×2048 以内。因为单个图集的空间有限，这样可避免 UI 界面打开时图集资源过大导致加载缓慢的问题。通常将单个 UI 界面所使用的图片资源放入一个文件夹，为该文件夹创建自动图集，即可保证同一界面使用的纹理图片资源一致。如果静态合图很大，而当前场景实际用到的只是其中很小一部分散图，则可能造成浪费，导致游戏加载时间延长和内存占用增多。这种情况下不要使用静态合图，由引擎进行动态合图可能是更好的选择。自动图集的预览功能如图 6-2 所示。

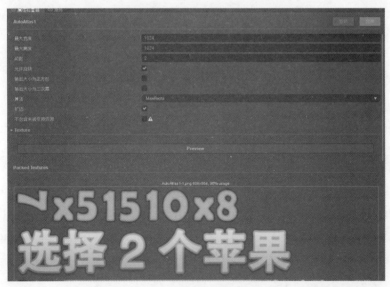

图 6-2

当同一界面的所有节点使用同一图集时，Draw call 效果最佳。在关闭界面时，可以销毁该界面使用的图集资源，这样即可保证界面占用的内存空间能够及时释放，达到最优的内存控制，避免出现内存空间过高导致的程序退出。

6.1.4　Blend 模式

Creator 编辑器中对部分渲染组件可以进行 Blend Func 的编辑，Src Blend Factor 和 Dst Blend Factor 分别表示颜色混合时的源颜色和目标颜色的取值模式。颜色混合公式为：

FinalRed = (RS * RFactor) + (RD * RFactor)

FinalGreen = (GS * GFactor) + (GD * GFactor)

FinalBlue = (BS * BFactor) + (BD * BFactor)

FinalAlpha = (AS * AFactor) + (AD * AFactor)

下面通过表 6-1 解释上述公式中 RFactor，GFactor，BFactor，AFactor 4 个参数在不同取值后所对应的结果，结果放到表格中的 Constant 列。

表 6-1

Constant	RFactor	GFactor	BFactor	AFactor	Description
ZERO	0	0	0	0	将所有颜色乘以 0
ONE	1	1	1	1	将所有颜色乘以 1
SRC_COLOR	RS	GS	BS	AS	将所有颜色乘以源颜色
ONE_MINUS_SRC_COLOR	1 − RS	1 − GS	1 − BS	1 − AS	将所有颜色乘以 1 减去源颜色
DST_COLOR	RD	GD	BD	AD	将所有颜色乘以目标颜色
ONE_MINUS_DST_COLOR	1 − RD	1 − GD	1 − BD	1 − AD	将所有颜色乘以 1 减去目标颜色
SRC_ALPHA	AS	AS	AS	AS	将所有颜色乘以源透明度
ONE_MINUS_SRC_ALPHA	1 − AS	1 − AS	1 − AS	1 − AS	将所有颜色乘以 1 减去源透明度
DST_ALPHA	AD	AD	AD	AD	将所有颜色乘以目标透明度
ONE_MINUS_DST_ALPHA	1 − AD	1 − AD	1 − AD	1 − AD	将所有颜色乘以 1 减去目标透明度

某些情况下，透明图片的边缘部分因为采样到透明区域的背景颜色，会出现黑色边缘的现象，通常为了解决该问题，会设置图片的预乘状态，并设置 Src Blend Factor 为 ONE，但是 Blend 模式不一致也会打断批次合并。

6.1.5　Blend 使用的最佳实践

由于 Blend 模式不一致会打断批次合并，所以应该尽量减少 Blend 模式的改变，比如 PNG 图片的黑边问题。此时可以在图集打包时进行扩边，而不是用切换 Blend Func 的方式。如果某些表现效果需要特殊的设置，也应该在设定 UI 布局层级时，尽量保证

Blend 模式一致的节点是在同一层级且连续，避免不同 Blend 模式的节点交叉布局，这样即可有效减少因 Blend 模式切换导致的 Draw call 增加。

6.1.6　Stencil 状态

Stencil 状态即模板测试，通过模板缓冲来实现特定的效果。在 Creator 中，Mask 组件就是通过该功能实现。一个 Mask 组件及其控制的渲染节点，需要至少三次 Draw call。第一次开启模板测试并调用一次 Draw call，刷新模板缓冲；第二次对需要通过模板测试的区域进行设置；第三次再进行实际的子节点内容绘制，绘制结束再关闭模板测试，因此使用 Mask 组件就无法与其他相邻节点进行批次处理，但是 Mask 组件内部的连续节点在满足合并规则的情况下还是会进行合批。

6.1.7　Stencil 使用的最佳实践

如果界面内使用大量 Mask 组件，会导致 Draw call 剧增，因此应该尽量减少 Mask 组件的使用。如有使用 Mask 组件的节点，应该尽量不要穿插在连续并且可以进行批次合并的节点层级内，这样就可以尽量规避 Mask 打断本可以合并批次的一系列连续节点。

注意：（1）由于 Creator 的自动图集功能是在项目导出的时候进行的，所以应该在发布后的项目中进行合批测试。

（2）在导入 BMFont 资源的时候，需要把 .fnt 和相应的 png 图片放在同一个目录下面。

（3）LabelAtlas 底层渲染采用的是跟 BMFont 一样的机制，所以也可以和 BMFont 及其他 UI 元素一起合图来实现批次渲染。

（4）微信小游戏平台由于 Image 的内存占用，默认禁用了动态图集功能，如果对内存占用要求不高的游戏，可以自行通过 cc.dynamicAtlasManager.enabled = true 打开该功能，并且设置 cc.macro.CLEANUP_IMAGE_CACHE = false 禁止清理 Image 缓存。

（5）默认 spine 的合批是关闭的，需要勾选 enableBatch 选项开启。spine 必须是同个 spine 资源创建的对象，且每个 spine 只有一种混合模式、一张贴图才能进行批次合并、Dragonbones 同理。

（6）单次 Draw call 的 Buffer 数据有限，当数据超过 Buffer 长度限制时，会重新申请新的 Buffer，不同的 Buffer 也会是不同的批次。

6.2　动态合图

6.2.1　介绍

除了前面提到的静态合图空间浪费问题，静态合图的局限性还常常体现在动态文本的渲染过程，如 Label 组件在使用系统文本时，文本贴图是依据文本内容通过 Canvas

绘制动态生成，不能提前进行图集打包。所以，除了静态合图，引擎也提供了动态合图的功能。在运行时，引擎通过将散图添加到动态图集中，来保证节点使用的纹理一致。由于动态图集使用的是默认纹理状态，所以只有当散图的纹理状态与动态图集的状态一致时，才可参与到引擎的动态合图中。Label 组件目前提供三种 Cache Mode：NONE，BITMAP，CHAR。NONE 模式即 Label 的整个文本内容会进行一次绘制，并进行提交，但是并不参与动态合图。BITMAP 模式即 Label 的整个文本内容会进行一次绘制，并加入动态图集中，以便进行批次合并。CHAR 模式即 Label 会将文本内容进行拆分，单个字符进行绘制，并将字符缓存到一张单独的字符图集中，下次遇到相同字符不再重新绘制。

降低 Draw call 是提升游戏渲染效率的非常直接有效的办法，而两个 Draw call 是否可以合并为一个 Draw call 的一个非常重要的因素就是这两个 Draw call 是否使用了同一张贴图。

Cocos Creator 提供了项目构建时的静态合图方法 —— 自动合图（Auto Atlas）。但是当项目日益壮大的时候贴图会变得非常多，很难将贴图打包到一张大贴图中，这时静态合图就难以满足降低 Draw call 的需求。所以 Cocos Creator 在 v2.0 中加入了动态合图的功能，它能在项目运行时动态地将贴图合并到一张大贴图中。当渲染一张贴图的时候，动态合图系统会自动检测这张贴图是否已经被加入动态合图系统，如果没有，并且此贴图又符合动态合图的条件，就会将此贴图合并到动态合图系统生成的大贴图中。

动态合图是按照渲染顺序来选取要将哪些贴图合并到一张大图中的，这样就能确保相邻的 Draw call 能合并为一个 Draw call。

6.2.2 动态合图的最佳实践

目前引擎的动态图集主要有两种，一种是为散图及使用 BITMAP 模式的文本提供的动态图集，最大数量为 5 张，尺寸为 2048×2048。另外一种是为使用 CHAR 模式的文本提供的字符图集，单个场景只有一张，尺寸为 2048×2048。这两种动态图集在切换场景时会进行清理释放。由于动态图集空间有限，因此需要最佳化利用。对于一些不常变化的静态文本，例如 UI 界面的标题、属性栏的固定文本，如果使用系统文本，可以设置为 BITMAP 模式，缓存到动态图集中，这样连续的 UI 节点即可进行动态合批。由于图片一般会打包为静态图集，而为了最大限度地把界面中的 Label 进行合批，可以将界面中的这些静态文本节点放在最上层，并保证这些 Label 节点连续，即可避免 Label 节点打断批次，同时合并连续的 Label 节点降低 Draw call。对于一些频繁变化的文本，例如游戏中常用的倒计时，如果使用 BITMAP 模式，会导致大量的数值文本占用动态图集空间。而其使用的字符数量有限，只有数字 0～9 这 10 个字符，为了避免频繁绘制，即可设置为 CHAR 模式，进行字符缓存，将单个字符文本添加到字符图集中。这样缓存一次之后，后续所有的数字组合都可以从已缓存的字符中获取，提高性能。如果连续的 Label 节点使用的都是 CHAR 模式，因为使用的是同一张字符图集，所以也可以保证这些节点能够进行批次合并。

表 6-2 中给出了各种模式的最佳实践。

表 6-2

Cache Mode	文本图片	最佳实践
NONE	单个 Label 使用一张节点大小的图片	适用频繁更新的不定文本，如：聊天功能
BITMAP	文本修改需要重绘，绘制后添加到大小为 2048×2048 的通用动态图集中	适用内容不会改变的静态文本，如：界面标题
CHAR	每个字符绘制一次并添加到大小为 2048×2048 的字符图集中	适用频繁更新且文本字符内容有限的文本，如：分数、倒计时

将相应的 SpriteFrame 添加到动态合图系统中，语句如下：

```
cc.dynamicAtlasManager.insertSpriteFrame(spriteFrame);
```

当 SpriteFrame 被添加到动态合图后，SpriteFrame 的贴图被替换为动态合图系统中的大图，SpriteFrame 中的 uv 也会按照大图中的坐标进行重新计算。

注意：在场景加载前，动态合图系统会进行重置，SpriteFrame 贴图的引用和 uv 都会恢复到初始值。

6.2.3　贴图限制

动态合图系统限制了能够进行合图的贴图大小，默认只有宽高都大于 8、小于 512 的贴图才可以进入动态合图系统。用户可以根据需求修改这个限制：

```
cc.dynamicAtlasManager.minFrameSize = 8;
cc.dynamicAtlasManager.maxFrameSize = 512;
```

6.2.4　调试

如果希望看到动态合图的效果，那么可以开启调试功能来看到最终生成的大图，这些大图会添加到一个 ScrollView 中展示出来。

```
// 开启调试
cc.dynamicAtlasManager.showDebug(true);
// 关闭调试
cc.dynamicAtlasManager.showDebug(false);
```

6.3　本章小结

Cocos Creator 游戏开发中，通过合图的方式可优化游戏的性能，Draw call 作为一个非常重要的性能指标，直接影响游戏的整体性能表现。希望读者认真体会本章中介绍的相关参数。

第7章 物理系统

Creator 里的物理系统包括碰撞组件和 Box 2D 物理引擎两个部分。

对于物理计算较为简单的情况，推荐直接使用碰撞组件，这样可以避免加载物理引擎并构建物理世界的运行时开销。而物理引擎提供了更完善的交互接口和刚体、关节等已经预设好的组件。可以根据需要来选择适合自己的物理系统。

7.1 碰撞系统

本节将介绍 Cocos Creator 的碰撞系统，目前 Cocos Creator 内置了一个简单易用的碰撞检测系统，支持圆形、矩形以及多边形相互间的碰撞检测。

7.1.1 编辑碰撞组件

添加了一个碰撞组件后，可以勾选属性面板中碰撞组件的 Editing 选项来开启碰撞组件的编辑，如图 7-1 所示。

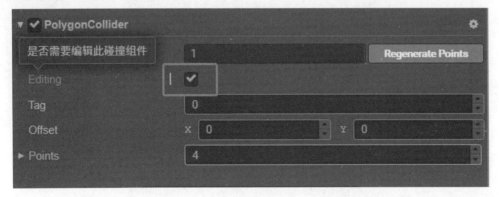

图 7-1

1. 多边形碰撞组件

如果编辑的是多边形碰撞组件，则会出现类似图 7-2 所示的多边形编辑区域，区域中的这些点都是可以拖动的，拖动结果会反映到多边形碰撞组的 Points 属性中。

图 7-2

当鼠标移动到两点连成的线段上时，鼠标指针会变成添加样式的形状，这时单击鼠标左键，会在这个地方添加一个点到多边形碰撞组件中。

按住 Ctrl 或者 Command 键，移动鼠标到多边形顶点上，顶点以及连接的两条线条变成红色，如图 7-3 所示，此时单击鼠标左键将会删除多边形碰撞组件中的这个点。

图 7-3

从 Cocos Creator 1.5 版本开始，多边形碰撞组件中添加了一个 Regenerate Points 功能，这个功能可以根据组件依附节点上的 Sprite 组件的贴图像素点来自动生成轮廓顶点。

Threshold 指明生成贴图轮廓顶点间的最小距离，值越大，则生成的点越少，可根据需求进行调节，如图 7-4 所示。

图 7-4

2. 圆形碰撞组件

如果编辑的是圆形碰撞组件，则会出现圆形编辑区域，如图 7-5 所示。

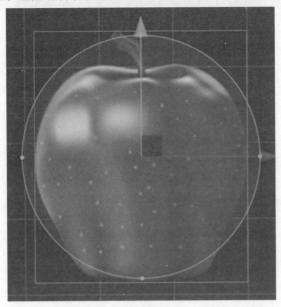

图 7-5

当鼠标悬浮在圆形编辑区域的边缘线上时，边缘线会变亮，如图 7-6 所示，这时单击鼠标左键拖动将可以修改圆形碰撞组件的半径大小。

图 7-6

3. 矩形碰撞组件

如果编辑的是矩形碰撞组件，则会出现类似图 7-7 所示的矩形编辑区域。

图 7-7

当鼠标悬浮在矩形碰撞区域的顶点上时，单击鼠标左键拖动可以同时修改矩形碰撞组件的长宽。

当鼠标悬浮在矩形碰撞区域的边缘线上时，单击鼠标左键拖动将修改矩形碰撞组件的长或宽中的一个方向。

按住 Shift 键拖动时，在拖动过程中将会保持按下鼠标那一刻的长宽比例。

按住 Alt 建拖动时，在拖动过程中将会保持矩形中心点位置不变。

4. 修改碰撞组件偏移量

在所有的碰撞组件编辑中，都可以在各自的碰撞中心区域单击鼠标左键拖动来快速编辑碰撞组件的偏移量。如图 7-8 所示，演示了通过鼠标移动碰撞区域，自动修改碰撞组件的偏移量，在实际开发中需要根据实际情况进行操作。

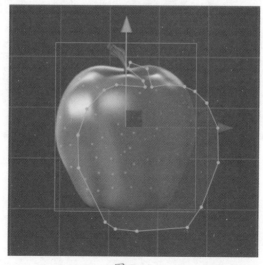

图 7-8

7.1.2 碰撞分组管理

1. 分组管理

执行【项目】→【项目设置】菜单命令，打开【项目设置】面板进行设置。打开【项目设置】面板后，在【分组管理】分栏可以看到分组列表配置项，如图 7-9 所示。

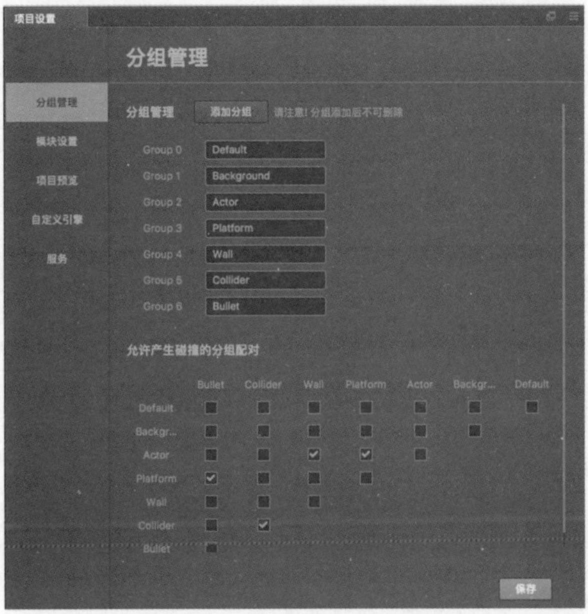

图 7-9

单击【添加分组】按钮即可添加一个新分组，默认会有一个 Default 分组。需要注意的是：添加的分组是不可删除的，不过可以修改分组的名字。

2. 碰撞分组配对

在分组列表下可以进行碰撞分组配对表的管理，如图 7-10 所示。

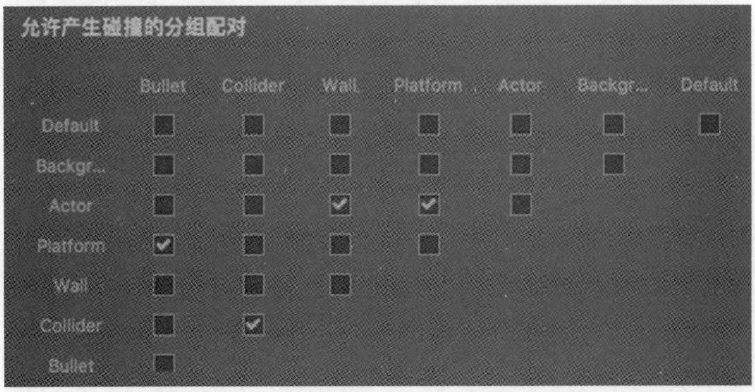

图 7-10

在这张表里，行与列分别列出了分组列表里面的项，分组列表里的修改将会实时映射到这张表里。在这张表里面勾选了哪一个项，就会把对应行、列的分组进行碰撞检测配对，例如假设 a 行 b 列 被勾选上，那么表示 a 行 上的分组将会与 b 列 上的分组进行碰撞检测。根据上面的规则，图 7-10 中列表里产生的碰撞对有：

Platform - Bullet

Collider - Collider

Actor - Wall

Actor - Platform

运行时，修改节点的分组之后，需要调用 Collider 的 apply，修改才会生效。

7.1.3 碰撞系统脚本控制

Cocos Creator 中内置了一个简单易用的碰撞检测系统，会根据添加的碰撞组件进行碰撞检测。

当一个碰撞组件被启用时，这个碰撞组件会被自动添加到碰撞检测系统中，并搜索能够与自身进行碰撞的其他已添加的碰撞组件来生成一个碰撞对。

需要注意的是，一个节点上的碰撞组件，无论如何都是不会相互进行碰撞检测的。

1. 碰撞系统接□

获取碰撞检测系统：

```
let manager = cc.director.getCollisionManager();
```

默认碰撞检测系统是禁用的。如果需要使用，则需要以下方法开启碰撞检测系统：

```
manager.enabled = true;
```

默认碰撞检测系统的 debug 绘制是禁用的。如果需要使用，则需要以下方法开启 debug 绘制：

```
manager.enabledDebugDraw = true;
```

开启后，在运行时可显示碰撞组件的碰撞检测范围，如图 7-11 所示。

图 7-11

如果还希望显示碰撞组件的包围盒，那么可以通过以下接口来进行设置：

```
manager.enabledDrawBoundingBox = true;
```

结果如图 7-12 所示。

图 7-12

2. 碰撞系统回调

当碰撞系统检测到有碰撞产生时，将会以回调的方式通知使用者。如果产生碰撞的碰撞组件依附的节点下挂的脚本中实现有以下函数，则会自动调用这些函数，并传入相关的参数：

```
/**
 * 当碰撞产生的时候调用
 * @param  {Collider} other 产生碰撞的另一个碰撞组件
 * @param  {Collider} self  产生碰撞的自身的碰撞组件
 */
onCollisionEnter: function (other, self) {
    console.log('on collision enter');

// 碰撞系统会计算出碰撞组件在世界坐标系下的相关值，并放到 world 这个属性里面
    let world = self.world;

    // 碰撞组件的 aabb 碰撞框
    let aabb = world.aabb;

    // 节点碰撞前上一帧 aabb 碰撞框的位置
    let preAabb = world.preAabb;

    // 碰撞框的世界矩阵
    let t = world.transform;

    // 以下属性为圆形碰撞组件特有属性
    let r = world.radius;
    let p = world.position;
```

```
    // 以下属性为矩形和多边形碰撞组件特有属性
        let ps = world.points;
    },


    /**
     * 当碰撞产生后，碰撞结束前的情况下，每次计算碰撞结果后调用
     * @param  {Collider} other 产生碰撞的另一个碰撞组件
     * @param  {Collider} self  产生碰撞的自身的碰撞组件
     */
    onCollisionStay: function (other, self) {
        console.log('on collision stay');
    },


    /**
     * 当碰撞结束后调用
     * @param  {Collider} other 产生碰撞的另一个碰撞组件
     * @param  {Collider} self  产生碰撞的自身的碰撞组件
     */
    onCollisionExit: function (other, self) {
        console.log('on collision exit');
    }
```

3. 单击测试

代码如下：

```
properties: {
    collider: cc.BoxCollider
},


start () {
    // 开启碰撞检测系统，未开启时无法检测
    cc.director.getCollisionManager().enabled = true;
    // cc.director.getCollisionManager().enabledDebugDraw = true;

     this.collider.node.on(cc.Node.EventType.TOUCH_START, function
(touch, event) {
        // 返回世界坐标
        let touchLoc = touch.getLocation();
        if (cc.Intersection.pointInPolygon(touchLoc, this.collider.
world.points)) {
```

```
            console.log("Hit!");
        }
        else {
            console.log("No hit");
        }
    }, this);
}
```

7.1.4　Collider 组件参考

单击【属性检查器】下面的【添加组件】按钮，然后从碰撞组件中选择需要的 Collider 组件，即可添加 Collider 组件到节点上。

Collider 组件属性见表 7-1。

表 7-1

属性	功能说明
Tag	标签。当一个节点上有多个碰撞组件时，在发生碰撞后，可以使用此标签来判断是节点上的哪个碰撞组件被碰撞了
Editing	是否编辑此碰撞组件。只在编辑器中有效

一个节点上可以挂多个碰撞组件，这些碰撞组件可以是不同类型的。

碰撞组件目前包括了 Polygon（多边形）、Circle（圆形）、Box（矩形）这几种，这些组件都继承自 Collider 组件，所以 Collider 组件的属性，这些组件也都有。

Polygon（多边形）碰撞组件属性，如图 7-13 和表 7-2 所示。

图 7-13

表7-2

属性	功能说明
Regenerate Points	根据组件所在节点上的 Sprite 组件的贴图像素点来自动生成相应轮廓的顶点
Threshold	指明生成贴图轮廓顶点间的最小距离，值越大，则生成的点越少，可根据需求进行调节
Offset	组件相对于节点的偏移量
Points	组件的顶点数组

Circle（圆形）碰撞组件属性，如图 7-14 和表 7-3 所示。

图 7-14

表7-3

属性	功能说明
Offset	组件相对于节点的偏移量
Radius	组件的半径

Box（矩形）碰撞组件属性，如图 7-15 和表 7-4 所示。

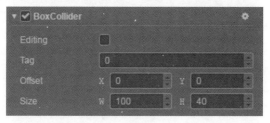

图 7-15

表7-4

属性	功能说明
Offset	组件相对于节点的偏移量
Size	组件的长宽

7.2　Box 2D 物理引擎

物理系统将 Box 2D 作为内部物理系统，并且隐藏了大部分 Box 2D 实现细节（比如创建刚体，同步刚体信息到节点中等）。可以通过物理系统访问一些 Box 2D 常用的功能，比如单击测试、射线测试、设置测试信息等。

7.2.1　物理系统管理器

本节介绍物理系统的相关设置。

1. 开启物理系统

物理系统默认是关闭的，如果需要使用物理系统，那么首先需要做的事情就是开启物理系统，否则在编辑器里做的所有物理编辑都不会产生任何效果。语句如下：

```
cc.director.getPhysicsManager().enabled = true;
```

2. 绘制物理调试信息

物理系统默认是不绘制任何调试信息的，如果需要绘制调试信息，请使用 debugDrawFlags。物理系统提供了各种各样的调试信息，可以通过组合这些信息来绘制相关的内容。语句如下：

```
cc.director.getPhysicsManager().debugDrawFlags =
    cc.PhysicsManager.DrawBits.e_aabbBit |
    cc.PhysicsManager.DrawBits.e_pairBit |
    cc.PhysicsManager.DrawBits.e_centerOfMassBit |
    cc.PhysicsManager.DrawBits.e_jointBit |
    cc.PhysicsManager.DrawBits.e_shapeBit;
```

设置绘制标志位为 0，即可以关闭绘制。语句如下：

```
cc.director.getPhysicsManager().debugDrawFlags = 0;
```

3. 物理单位到像素单位的转换

Box 2D 使用 米 - 千克 - 秒 (MDS) 单位制，Box 2D 在这样的单位制下运算的表现是最佳的。但是我们在 2D 游戏运算中一般使用像素来作为长度单位制，所以需要一个比率来进行物理单位到像素单位的相互转换。一般情况下我们把这个比率设置为 32，这个值可以通过 cc.PhysicsManager.PTM_RATIO 获取，并且这个值是只读的。通常用户是不需要关心这个值的，物理系统内部会自动对物理单位与像素单位进行转换，用户访问和设置的都是进行 2D 游戏开发中所熟悉的像素单位。

4. 设置物理重力

重力是物理表现中非常重要的一点，大部分物理游戏都会使用到重力这一物理特性。默认的重力加速度是 (0, -320) 像素 / 秒^2，按照上面描述的转换规则，即 (0, -10) 米 / 秒^2。

如果希望重力加速度为 0，可以这样设置：

```
cc.director.getPhysicsManager().gravity = cc.v2();
```

如果希望修改重力加速度为其他值，比如每秒加速降落 640 像素，那么可以这样设置：

```
cc.director.getPhysicsManager().gravity = cc.v2(0, -640);
```

5. 设置物理步长

物理系统是按照一个固定的步长来更新物理世界的，这个步长默认是游戏的帧率：1/framerate。但是有的游戏可能会不希望按照这么高的频率来更新物理世界，毕竟这个操作是比较消耗时间的，那么你可以通过降低步长来达到这个效果。语句如下：

```
let manager = cc.director.getPhysicsManager();
// 开启物理步长的设置
manager.enabledAccumulator = true;
// 物理步长，默认 FIXED_TIME_STEP 是 1/60
manager.FIXED_TIME_STEP = 1/30;
// 每次更新物理系统处理速度的迭代次数，默认为 10
manager.VELOCITY_ITERATIONS = 8;
// 每次更新物理系统处理位置的迭代次数，默认为 10
manager.POSITION_ITERATIONS = 8;
```

注意：降低物理步长和各个属性的迭代次数，都会降低物理的检测频率，所以会更有可能发生刚体穿透的情况，使用时需要考虑到这个情况。

6. 查询物体

通常你可能想知道在给定的场景中都有哪些实体。比如一个炸弹爆炸了，在范围内的物体都会受到伤害；或者在策略类游戏中，可能会希望让用户选择一个范围内的单位进行拖动。

物理系统提供了几个方法来高效快速地查找某个区域中有哪些物体，每种方法通过不同的方式来检测物体，基本满足游戏所需。

（1）点测试。

点测试将测试是否有碰撞体包含一个世界坐标系下的点，如果测试成功，则会返回一个包含这个点的碰撞体。注意，如果有多个碰撞体同时满足条件，下面的接口只会返回一个随机的结果：

```
let collider = cc.director.getPhysicsManager().testPoint(point);
```

（2）矩形测试。

矩形测试将测试指定的一个世界坐标系下的矩形，如果一个碰撞体的包围盒与这个矩形有重叠部分，则这个碰撞体会给添加到返回列表中。语句如下：

```
let colliderList = cc.director.getPhysicsManager().testAABB(rect);
```

（3）射线测试。

射线检测用来检测给定的线段穿过哪些碰撞体，我们还可以获取到碰撞体在线段穿过碰撞体的那个点的法线向量和其他一些有用的信息。语句如下：

```
let results = cc.director.getPhysicsManager().rayCast(p1, p2, type);
for (let i = 0; i < results.length; i++) {
```

```
    let result = results[i];

    let collider = result.collider;

    let point = result.point;

    let normal = result.normal;

    let fraction = result.fraction;

}
```

　　射线检测的最后一个参数指定检测的类型。因为 Box 2D 的射线检测不是从离射线起始点最近的物体开始检测的，所以检测结果不能保证是按照物体距离射线起始点远近来排序的。Cocos Creator 物理系统将根据射线检测传入的检测类型来决定是否对 Box 2D 检测结果进行排序，这个类型会影响到最后返回给用户的结果。射线检测共支持四种类型。

　　● cc.RayCastType.Any：检测射线路径上任意的碰撞体，一旦检测到任何碰撞体，将立刻结束检测其他的碰撞体。它的速度最快。

　　● cc.RayCastType.Closest：检测射线路径上最近的碰撞体，这是射线检测的默认值，速度稍慢。

　　● cc.RayCastType.All：检测射线路径上的所有碰撞体，检测到的结果顺序不是固定的。在这种检测类型下，一个碰撞体可能会返回多个结果，这是因为 Box 2D 是通过检测夹具（Fixture）来进行物体检测的，而一个碰撞体可能由多个夹具组成，速度慢。

　　● cc.RayCastType.AllClosest：检测射线路径上所有碰撞体，但是会对返回值进行删选，只返回每一个碰撞体距离射线起始点最近的那个点的相关信息，速度最慢。

　　7. 射线检测的结果

　　射线检测的结果包含了许多有用的信息，可以根据实际情况来选择如何使用这些信息。

　　● collider 指定射线穿过的是哪一个碰撞体。

　　● point 指定射线与穿过的碰撞体在哪一点相交。

　　● normal 指定碰撞体在相交点的表面的法线向量。

　　● fraction 指定相交点在射线上的分数。

可以通过图 7-16 更好地理解射线检测的结果。

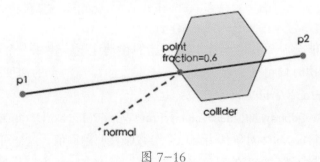

图 7-16

7.2.2　刚体组件

刚体是组成物理世界的基本对象，可以将刚体想象成一个不能看到（绘制）也不能摸到（碰撞）的带有属性的物体，属性界面如图 7-17 所示。

图 7-17

下面介绍刚体的属性。

1. 质量

刚体的质量是通过碰撞组件的密度与大小自动计算得到的。当需要计算物体应该受到多大的力时，可能需要使用到这个属性。方法如下：

```
let mass = rigidbody.getMass();
```

2. 移动速度

获取移动速度方法：

```
let velocity = rigidbody.linearVelocity;
```

设置移动速度方法：

```
rigidbody.linearVelocity = velocity;
```

移动速度衰减系数可以用来模拟空气摩擦力等效果，它会使现有速度越来越慢。获取移动速度衰减系数方法：

```
let damping = rigidbody.linearDamping;// 设置移动速度衰减系数
rigidbody.linearDamping = damping;
```

有些时候可能会希望获取刚体上某个点的移动速度，比如一个盒子旋转着往前飞，碰到了墙，这时候可能会希望获取盒子在发生碰撞的点的速度，此时可以通过 getLinearVelocityFromWorldPoint 来获取：

let velocity = rigidbody.getLinearVelocityFromWorldPoint(worldPoint);

或者传入一个 cc.Vec2 对象作为第二个参数来接收返回值，这样可以使用缓存对象来接收这个值，避免创建过多的对象来提高效率。刚体的 get 方法都提供了 out 参数来接收函数返回值：

```
let velocity = cc.v2();
rigidbody.getLinearVelocityFromWorldPoint(worldPoint, velocity);
```

3. 旋转速度

获取旋转速度方法：

```
let velocity = rigidbody.angularVelocity;
```

设置旋转速度方法：

```
rigidbody.angularVelocity = velocity;
```

旋转速度衰减系数与移动衰减系数相同。获取旋转速度衰减系数方法：

```
let velocity = rigidbody.angularDamping;
```

设置旋转速度衰减系数方法：

```
rigidbody.angularDamping = velocity;
```

4. 旋转、位移与缩放

旋转、位移与缩放是游戏开发中最常用的功能，几乎每个节点都会对这些属性进行设置。而在物理系统中，系统会自动对节点的这些属性与 Box 2D 中的对应属性进行同步。

有两点信息需要注意：

● Box 2D 中只有旋转和位移，并没有缩放，如果设置节点的缩放属性，会重新构建这个刚体依赖的全部碰撞体。一个有效避免这种情况发生的方式是将渲染的节点作为刚体节点的子节点，缩放只对这个渲染节点作缩放，尽量避免对刚体节点进行直接缩放。

● 每个物理时间步之后会把所有刚体信息同步到对应节点上去，而出于性能考虑，节点的信息只有在用户对节点相关属性进行显式设置时才会同步到刚体上，并且刚体只会监视它所在的节点，即如果修改了节点的父节点的旋转位移是不会同步这些信息的。

5. 固定旋转

做平台跳跃游戏时，通常不会希望主角的旋转属性也被加入物理模拟中，因为这样会导致主角在移动过程中东倒西歪，这时可以设置刚体的 fixedRotation 属性。方法如下：

```
rigidbody.fixedRotation = true;
```

6. 开启碰撞监听

只有开启了刚体的碰撞监听，刚体发生碰撞时才会回调到对应的组件上。方法如下：

```
rigidbody.enabledContactListener = true;
```

7. 刚体类型

Box 2D 原本的刚体类型是三种：Static、Dynamic、Kinematic。在 Cocos Creator 里多添加了一个类型：Animated。

Animated 是从 Kinematic 类型衍生出来的，一般的刚体类型修改旋转或位移属性时，都是直接设置属性，而 Animated 会根据当前旋转或位移、属性与目标、旋转或位移属性计算出所需的速度，并且赋值到对应的移动或旋转速度上。

添加 Animated 类型主要是防止对刚体做动画时可能出现的奇怪现象，比如穿透等。

● cc.RigidBodyType.Static：静态刚体，零质量，零速度，即不会受到重力或速度影响，但是可以设置它的位置来进行移动。

● cc.RigidBodyType.Dynamic：动态刚体，有质量，可以设置速度，会受到重力影响。

● cc.RigidBodyType.Kinematic：运动刚体，零质量，可以设置速度，不会受到重力的影响，但是可以设置速度来进行移动。

● cc.RigidBodyType.Animated：动画刚体，从 Kinematic 衍生的类型，主要用于刚体与动画编辑结合的情况。

8. 刚体方法

（1）获取或转换旋转位移属性。

使用 API 来获取世界坐标系下的旋转位移会比通过节点来获取相关属性更快，因为节点中还需要通过矩阵运算来得到结果，而这些 API 是直接得到结果的。

（2）获取刚体世界坐标值。

直接获取返回值方法：

```
let out = rigidbody.getWorldPosition();
```

通过参数来接收返回值方法：

```
out = cc.v2();
rigidbody.getWorldPosition(out);
```

（3）获取刚体世界旋转值。

```
let rotation = rigidbody.getWorldRotation();
```

（4）局部坐标与世界坐标转换。世界坐标转换到局部坐标方法：

```
let localPoint = rigidbody.getLocalPoint(worldPoint);
```

或者：

```
localPoint = cc.v2();
rigidbody.getLocalPoint(worldPoint, localPoint);
```

局部坐标转换到世界坐标方法：

```
let worldPoint = rigidbody.getWorldPoint(localPoint);
```

或者：

```
worldPoint = cc.v2();
rigidbody.getLocalPoint(localPoint, worldPoint);
```

局部向量转换为世界向量方法：

```
let worldVector = rigidbody.getWorldVector(localVector);
```

或者：

```
worldVector = cc.v2();
rigidbody.getWorldVector(localVector, worldVector);
let localVector = rigidbody.getLocalVector(worldVector);
```

或者：

```
localVector = cc.v2();
rigidbody.getLocalVector(worldVector, localVector);
```

（5）获取刚体质心。

当对一个刚体进行力的施加时，一般会选择刚体的质心作为施加力的作用点，这样能保证力不会影响到旋转值。

获取本地坐标系下的质心方法：

```
let localCenter = rigidbody.getLocalCenter();
```

通过参数来接收返回值方法：

```
localCenter = cc.v2();
rigidbody.getLocalCenter(localCenter);
```

获取世界坐标系下的质心方法：

```
let worldCenter = rigidbody.getWorldCenter();
```

通过参数来接收返回值方法：

```
worldCenter = cc.v2();
rigidbody.getWorldCenter(worldCenter);
```

（6）力与冲量。

移动一个物体，可以施加一个力或者冲量到这个物体上。力会随着时间慢慢修改物体的速度，而冲量会立即修改物体的速度。 当然也可以直接修改物体的位置，只是这看起来不像真实的物埋。使用力或者冲量来移动刚体，会减少可能带来的各种问题。

施加一个力到刚体上指定的点上，这个点是世界坐标系下的一个点，方法如下：

```
rigidbody.applyForce(force, point);
```

直接施加力到刚体的质心上，方法如下：

```
rigidbody.applyForceToCenter(force);
```

施加一个冲量到刚体上指定的点上，这个点是世界坐标系下的一个点，方法如下：

```
rigidbody.applyLinearImpulse(impulse, point);
```

力与冲量也可以只对旋转轴产生影响，这样的力叫作扭矩。施加扭矩到刚体上，因为只影响旋转轴，所以不再需要指定一个点，方法如下：

```
rigidbody.applyTorque(torque);
```

施加旋转轴上的冲量到刚体上，方法如下：

```
rigidbody.applyAngularImpulse(impulse);
```

（7）其他。

有时需要获取刚体在某一点上的速度，可以通过 getLinearVelocityFromWorldPoint 来获取，比如当物体碰撞到一个平台时，需要根据物体碰撞点的速度来判断物体相对于平台是从上方碰撞的还是下方碰撞的，方法如下：

```
rigidbody.getLinearVelocityFromWorldPoint(worldPoint);
```

7.2.3 物理碰撞组件

物理碰撞组件继承自碰撞组件，编辑和设置物理碰撞组件的方法和编辑碰撞组件是基本一致的。

1. 物理碰撞组件属性

● sensor：指明碰撞体是否为传感器类型，传感器类型的碰撞体会产生碰撞回调，但是不会发生物理碰撞效果。

● density：碰撞体的密度，用于刚体的质量计算。

● friction：碰撞体摩擦力，碰撞体接触时的运动会受到摩擦力影响。

● restitution：碰撞体的弹性系数，指明碰撞体碰撞时是否会受到弹力影响。

2. 物理碰撞组件内部细节

物理碰撞组件内部是由 Box 2D 的 b2Fixture 组成的，由于 Box 2D 内部的一些限制，一个多边形物理碰撞组件可能会由多个 b2Fixture 组成。这些情况为：

●当多边形物理碰撞组件的顶点组成的形状为凹边形时，物理系统会自动将这些顶点分割为多个凸边形。

●当多边形物理碰撞组件的顶点数多于 b2.maxPolygonVertices（一般为 8）时，物理系统会自动将这些顶点分割为多个凸边形。

一般情况下，这些细节是不需要关心的，但是当使用射线检测并且检测类型为 cc.RayCastType.All 时，一个碰撞体就可能会检测到多个碰撞点，原因即是检测到了多个 b2Fixture。

7.2.4 碰撞回调

当物体在场景中移动并碰撞到其他物体时，Box 2D 会处理大部分必要的碰撞检测，我们一般不需要关心这些情况。但是制作物理游戏最主要的点是有些情况下物体碰撞后应该发生些什么，比如角色碰到怪物后会死亡，或者球在地上弹动时应该产生声音等。

我们需要一个方式来获取到这些碰撞信息，物理引擎提供的方式是在碰撞发生时产生回调，在回调里可以根据产生碰撞的两个碰撞体的类型信息来判断需要作出什么样的动作。

注意：

●需要先在 rigidbody 中开启碰撞监听，才会有相应的回调产生。

●回调中的信息在物理引擎中是以缓存的形式存在的，所以信息只有在这个回调中才是有用的，不要在脚本里直接缓存这些信息，但可以缓存这些信息的副本。

●在回调中创建的物理物体，比如刚体，关节等，不会立刻就创建出 Box 2D 对应的物体，而是会在整个物理系统更新完成后再进行这些物体的创建。

1. 定义回调函数

定义一个碰撞回调函数很简单，只需要在刚体所在的节点上挂一个脚本，脚本中添加上需要的回调函数即可。

```
cc.Class({
    extends: cc.Component,

    // 只在两个碰撞体开始接触时被调用一次
    onBeginContact: function (contact, selfCollider, otherCollider) {
    },

    // 只在两个碰撞体结束接触时被调用一次
    onEndContact: function (contact, selfCollider, otherCollider) {
    },

    // 每次将要处理碰撞体接触逻辑时被调用
    onPreSolve: function (contact, selfCollider, otherCollider) {
    },

    // 每次处理完碰撞体接触逻辑时被调用
    onPostSolve: function (contact, selfCollider, otherCollider) {
    }
});
```

在上面的代码示例中，我们添加了所有的碰撞回调函数。一共有四个类型的回调函数，每个回调函数都有三个参数。每种回调函数的作用如注释所示，可以根据自己的需求来实现相应的回调函数。

2. 回调的顺序

下面通过拆分一个简单示例的碰撞过程来描述碰撞回调函数的回调顺序和回调的时机。假设有两个刚体正相互移动，三角形往右运动，方块往左运动，即将碰撞到了一起，如图 7-18 所示。

图 7-18

3. 碰撞的过程

碰撞的过程见表 7-5。

表 7-5

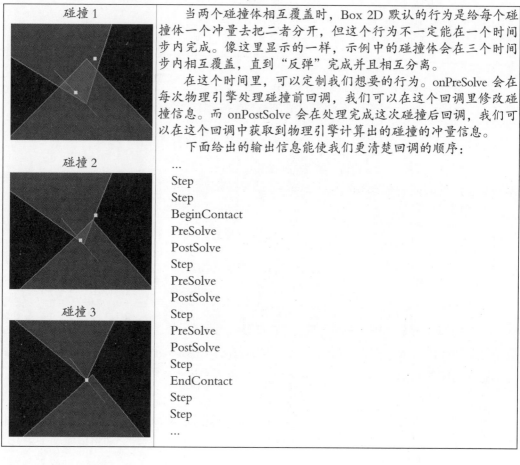

碰撞 1 碰撞 2 碰撞 3	当两个碰撞体相互覆盖时，Box 2D 默认的行为是给每个碰撞体一个冲量去把二者分开，但这个行为不一定能在一个时间步内完成。像这里显示的一样，示例中的碰撞体会在三个时间步内相互覆盖，直到"反弹"完成并且相互分离。 在这个时间里，可以定制我们想要的行为。onPreSolve 会在每次物理引擎处理碰撞前回调，我们可以在这个回调里修改碰撞信息。而 onPostSolve 会在处理完成这次碰撞后回调，我们可以在这个回调中获取到物理引擎计算出的碰撞的冲量信息。 下面给出的输出信息能使我们更清楚回调的顺序： … Step Step BeginContact PreSolve PostSolve Step PreSolve PostSolve Step PreSolve PostSolve Step EndContact Step Step …

4. 回调的参数

回调的参数包含了所有的碰撞接触信息，每个回调函数都提供了三个参数：contact、selfCollider、otherCollider。

selfCollider 和 otherCollider 很容易理解，如名字所示，selfCollider 指的是回调脚本的节点上的碰撞体，ohterCollider 指的是发生碰撞的另一个碰撞体。

最主要的信息都包含在 contact 中，这是一个 cc.PhysicsContact 类型的实例，可以在 API 文档中找到相关的 API。contact 中比较常用的信息就是碰撞的位置和法向量，contact 内部是按照刚体的本地坐标来存储信息的，而我们一般需要的是世界坐标系下的信息，此时可以通过 contact.getWorldManifold 来获取这些信息：

```
//worldManifold 包含世界坐标系下的接触向量 normal 和点 points
var worldManifold = contact.getWorldManifold();
var points = worldManifold.points;
var normal = worldManifold.normal;
```

worldManifold 包括以下成员。

（1）points。

碰撞点数组，它们不一定会精确地在碰撞体碰撞的地方上，如图 7-19 所示（除非将刚体设置为子弹类型，但是会比较耗性能），但实际上这些点在使用上一般都是够用的。

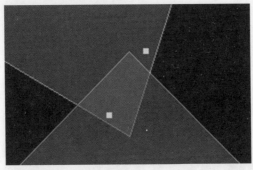

图 7-19

注意：不是每一个碰撞都会有两个碰撞点，在更多的情况下只会产生一个碰撞点，下面列举一些其他的碰撞示例，如图 7-20 所示。

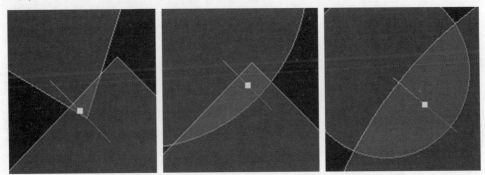

图 7-20

（2）normal。

碰撞点上的法向量，由自身碰撞体指向对方碰撞体，指明解决碰撞最快的方向。

图 7-21 所示的线条即碰撞点上的法向量，在这个碰撞中，解决碰撞最快的途径是添加冲量将三角形往左上推，将方块往右下推。需要注意的是，这里的法向量只是一个方向，并不带有位置属性，也不会连接到这些碰撞点中的任何一个。

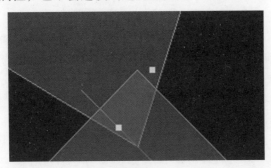

图 7-21

碰撞法向量并不是碰撞体碰撞的角度，它只会指明可以解决两个碰撞体相互覆盖这一问题最短的方向。比如上面的例子中如果三角形移动得更快一点，覆盖的情形如图 7-22 所示。那么最短的方式是把三角形往右上推，所以使用法向量来作为碰撞角度不是一个好主意。

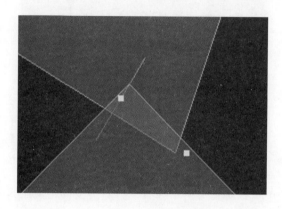

图 7-22

如果希望知道碰撞的真正方向，可以使用下面的方式：

```
var vel1 = triangleBody.getLinearVelocityFromWorldPoint( worldManifold.
points[0]);
var vel2 = squareBody.getLinearVelocityFromWorldPoint( worldManifold.
points[0]);
var relativeVelocity = vel1.sub(vel2);
```

这个代码可以获取到两个碰撞体相互碰撞时在碰撞点上的相对速度。

5. 禁用 contact

代码如下：

```
contact.disabled = true;
```

禁用掉 contact 会使物理引擎在计算碰撞时忽略掉这次碰撞。禁用将会持续到碰撞完成，除非在其他回调中再将这个 contact 启用。

如果只想在本次物理处理步骤中禁用 contact，可以使用 disabledOnce：

```
contact.disabledOnce = true;
```

6. 修改 contact 信息

前面有提到我们在 onPreSolve 中修改 contact 的信息，因为 onPreSolve 是在物理引擎处理碰撞信息前回调的，所以对碰撞信息的修改会影响到后面的碰撞计算。

修改碰撞体间的摩擦力方法：

```
contact.setFriction(friction);
```

修改碰撞体间的弹性系数方法：

```
contact.setRestitution(restitution);
```

注意：这些修改只会在本次物理处理步骤中生效。

7.2.5　关节组件

物理系统包含了一系列用于链接两个刚体的关节组件。关节组件可以用来模拟真实世界物体间的交互，比如铰链、活塞、绳子、轮子、滑轮、机动车、链条等。学习如何使用关节组件可以有效地帮助创建一个真实有趣的场景。

目前物理系统中提供了以下可用的关节组件。

● Revolute Joint：旋转关节，可以看作是一个铰链或者钉，刚体会围绕一个共同点来旋转。

● Distance Joint：距离关节，关节两端的刚体的锚点会保持在一个固定的距离。

● Prismatic Joint：棱柱关节，两个刚体位置间的角度是固定的，它们只能在一个指定的轴上滑动。

● Weld Joint：焊接关节，根据两个物体的初始角度将两个物体上的两个点绑定在一起。

● Wheel Joint：轮子关节，由 Revolute 和 Prismatic 组合成的关节，用于模拟机动车车轮。

● Rope Joint：绳子关节，将关节两端的刚体约束在一个最大范围内。

● Motor Joint：马达关节，控制两个刚体间的相对运动。

虽然每种关节都有不同的表现，但是它们都有一些共同的属性。

● connectedBody：关节链接的另一端的刚体。

● anchor：关节本端链接的刚体的锚点。

● connectedAnchor：关节另一端链接的刚体的锚点。

● collideConnected：关节两端的刚体是否能够互相碰撞。

每个关节都需要链接上两个刚体才能够发挥它的功能，我们把和关节挂在同一节点下的刚体视为关节的本端，把 connectedBody 视为另一端的刚体。

通常情况下，每个刚体会围绕自身周围的位置来设定此点。根据关节组件类型的不同，此点决定了物体的旋转中心，或者是用来保持一定距离的坐标点，等等。

collideConnected 属性用于设置关节两端的刚体是否需要继续遵循常规的碰撞规则。比如，你现在准备制作一个布娃娃，你可能会希望大腿和小腿能够部分重合，然后在膝盖处链接到一起，那么就需要设置 collideConnected 属性为 false。如果你正在制作一个升降机，你可能希望升降机平台和地板能够碰撞，那么就需要设置 collideConnected 属性为 true。

7.2.6　高级设置

Box 2D 提供了非常多的参数来改变物理运行状态，除了 RigidBody、Collider、

Joint、World 之外，还有一些属于 Box 2D 内部宏的参数。这些宏的参数可以在 Box 2D.js（web 平台）/ Box2D/Common/b2Settings.h（native 平台）文件开头找到。

每个物理游戏需要的参数都可能是不同的，不同的情况会需要不同的参数配置。

b2_velocityThreshold（默认为 1.0f）是弹性碰撞的速度阈值。当碰撞发生时，如果相对速度小于速度阈值，那么这次的碰撞会被认为是非弹性碰撞。

案例 1：当给物理世界设置了一个很大的重力，或者将刚体的 gravity scale 设置很大，当刚体降落到一个平台上时，可能会由于速度一直大于这个阈值而造成刚体一直抖动而无法停止的情况。

解决方法：将 b2_velocityThreshold 阈值提高。

案例 2：桌球类型的游戏可能会出现这样的情况：当一个小球碰到并停靠在桌子的边缘时，这个小球就再也离不开边缘了。

解决方法：将 b2_velocityThreshold 阈值降低。

7.3　本章小结

本章首先介绍了 Cocos Creator 的物理系统，包括碰撞系统和物理引擎，其中碰撞组件中包括 3 种基本碰撞类型，如多边形碰撞组件、圆形碰撞组件、矩形碰撞组件。我们还可以设置碰撞的分组，这样只有某种类型的物体才可以发生碰撞，如子弹和敌人可以发生碰撞。后面又介绍了如何通过脚本得到碰撞的回调通知。

然后介绍了精确度更高的物理系统，分别介绍了物理系统开启、调试、设置重力、步长、点测试、矩形测试、射线测试。还介绍了刚体 Rigidbody 组件、碰撞组件和碰撞回调函数，以及关节组件、物理引擎的高级使用方法。

对于物理计算较为简单的情况，我们推荐直接使用碰撞组件，这样可以避免加载物理引擎并构建物理世界的运行时的开销。而物理引擎提供了更完善的交互接口和刚体、关节等已经预设好的组件，用户可以根据需要来选择适合自己的物理系统。

第 8 章　热更新管理器

本章将讲解热更新管理器 AssetsManager 的设计思路、技术细节以及使用方式。由于热更新机制的需求对于开发者来说可能各不相同，在维护过程中开发者也提出了各个层面的各种问题，说明开发者需要充分了解热更新机制的细节才能够定制出符合自己需要的工作流。

8.1　资源热更新简介

资源热更新是为游戏运行时动态更新资源而设计的，这里的资源可以是图片、音频甚至游戏逻辑脚本代码。在游戏漫长的运营维护过程中，可以上传新的资源到资源服务器，让游戏根据远程服务器上的修改，自动下载新的资源到用户的设备上。这样，全新的设计、新的游玩体验甚至全新的游戏内容都将立刻被推送到用户手上。

重要的是，这个过程不需要针对各个渠道去重新打包应用并经历痛苦的应用更新审核。

资源热更新管理器经历过三个重要的阶段。

（1）在 Cocos2d-JS v3.0 中初次设计并实现。

（2）在 Cocos2d-x v3.9 中升级了 Downloader 和多线程并发实现。

（3）在 Cocos Creator v1.4.0 和 Cocos2d-x v3.15 中经过一次重大重构，系统性地解决了热更新过程中的缺陷。

所以请配合最新版本的引擎来使用，本章也是基于最后一次重构来编写的。

8.2　设计目标和基本原理

热更新机制本质上是从服务器下载需要的资源到本地,并且可以执行新的游戏逻辑,让新资源可以被游戏所使用。这意味着两个最为核心的目标：下载新资源，覆盖使用新逻辑和资源。同时，由于热更新机制最初是在 Cocos2d-JS 中设计，考虑了怎样的热更新机制才更适合 Cocos 的 JavaScript 用户群。

我们使用类似 Web 网页的更新模式来更新游戏内容，下面先来看一下 Web 的更新模式。

（1）Web 页面在服务端保存完整的页面内容。

（2）浏览器请求到一个网页之后会在本地缓存它的资源。

（3）当浏览器重新请求这个网页的时候，会查询服务器版本的最后修改时间

（Last-Modified）或者是唯一标识（Etag），如果不同，则下载新的文件来更新缓存，否则继续使用缓存。

浏览器的缓存机制远比上面描述的要复杂，不过基本思路已经有了：对于游戏资源来说，也可以在资源服务器上保存一份完整的资源，客户端更新时与服务端进行比对，下载有差异的文件并替换缓存。无差异的部分继续使用包内版本或是缓存文件。

这样，更新游戏需要的就是以下内容。

（1）服务端保存最新版本的完整资源（开发者可以随时更新服务器）。

（2）客户端发送请求和服务端版本进行比对获得差异列表。

（3）从服务端下载所有新版本中有改动的资源文件。

（4）用新资源覆盖旧缓存以及应用包内的文件。

这就是整个热更新流程的设计思路，当然里面还有非常多具体的细节，后面会结合实际流程进行梳理。

这里需要特别指出的是：Cocos 默认的热更新机制并不是基于补丁包更新的机制，传统的热更新经常对多个版本分别生成补丁包，按顺序下载补丁包并更新到最新版本。Cocos 的热更新机制通过直接比较最新版本和本地版本的差异来生成差异列表并更新。这样即可天然支持跨版本更新，比如本地版本为 A，远程版本是 C，则直接更新 A 和 C 之间的差异，并不需要生成 A 到 B 和 B 到 C 的更新包，依次更新。

所以，在这种设计思路下，新版本的文件以离散的方式保存在服务端，更新时以文件为单位下载。

8.3 热更新基本流程

在理解了上面基本的设计思路之后，来看一次典型的热更新流程，如图 8-1 所示，我们使用 manifest 资源描述文件来描述本地或远程包含的资源列表及资源版本，manifest 文件的定义会在后面介绍。运行环境假定为用户安装好 App 后，第一次检查到服务端的版本更新。

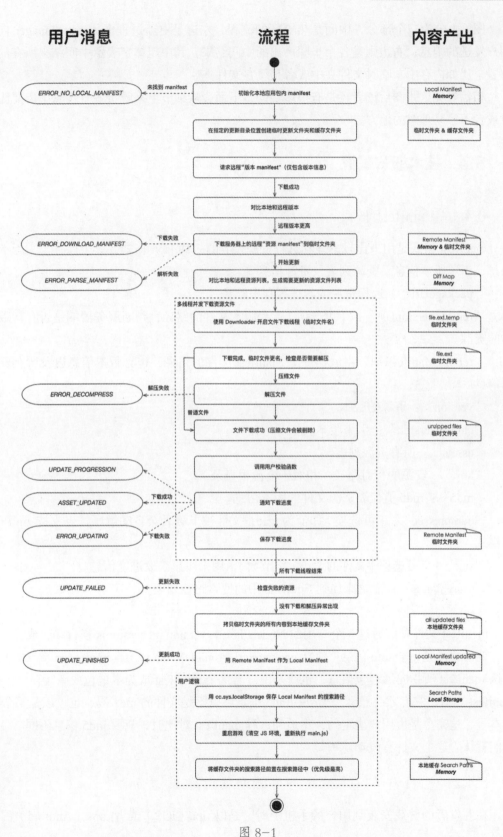

图 8-1

图 8-1 分为三个部分，中间是热更新的流程，左边是更新过程中 AssetsManager 向用户发送的消息，右边则是各个步骤产出的中间结果，其中粗体字表示中间结果所在的位置，比如内存中、临时文件夹中或者是缓存文件夹。

相信看完这张图后读者还是有很多疑问，下面会从细节上来解析各个步骤中需要注意或者不容易理解的地方。

8.4 技术细节解析

8.4.1 manifest 格式

manifest 格式是用来比较本地和远程资源差异的一种 json 格式，其中保存了主版本信息、引擎版本信息、资源列表及资源信息等。

"packageUrl"：远程资源的本地缓存根路径。

"remoteVersionUrl"：[可选项]远程版本文件的路径，判断服务器端是否有新版本的资源。

"remoteManifestUrl"：远程资源 Manifest 文件的路径，包含版本信息以及所有资源信息。

"version"：资源的版本。

"engineVersion"：引擎版本。

"assets"：所有资源列表。

"key"：资源的相对路径（相对于资源根目录）。

"md5"：md5 值代表资源文件的版本信息。

"compressed"：[可选项]如值为 true，文件被下载后会自动解压，仅支持 zip 压缩格式。

"size"：[可选项]文件的大小(字节数)，用于快速获取进度信息。

"searchPaths"：需要添加到 FileUtils 中的搜索路径列表。

manifest 文件可以通过一个专用的 Node.JS 脚本 version_generator.js 来自动生成。

要注意的是，remote 信息（包括 packageUrl、remoteVersionUrl、emoteManifestUrl）是该 manifest 所指向远程包信息，也就是说，当这个 manifest 成为本地包或者缓存 manifest 之后，它们才有意义。另外，md5 信息可以不是文件的 md5 码，也可以是某个版本号，这完全是由用户决定的，本地和远程 manifest 对比时，只要 md5 信息不同，我们就认为这个文件有改动。

8.4.2 包内资源、本地缓存资源和临时资源

在开发者的游戏安装到用户的手机上时，是以 .ipa（iOS）或者 .apk（Android）形

式存在的，这种应用包在安装后，它的内容是无法被修改或者添加的，应用包内的任何资源都会一直存在。所以热更新机制中，我们只能更新本地缓存到手机的可写目录下（应用存储空间或者 SD 卡指定目录），并通过 FileUtils 的搜索路径机制完成本地缓存对包内资源的覆盖。同时为了保障更新的可靠性，我们在更新过程中会先将新版本资源放到一个临时文件夹中，只有当本次更新正常完成，才会替换到本地缓存文件夹内。如果中途中断更新或者更新失败，此时的失败版本不会污染现有的本地缓存。这一步骤在图 8-1 中有详细介绍，如图 8-2 所示。

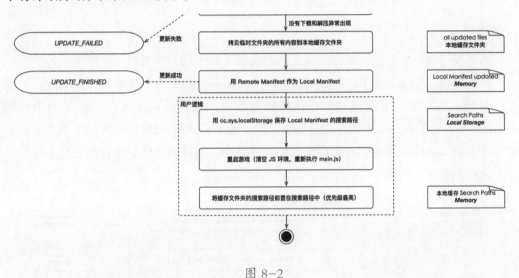

图 8-2

在长期、多次更新的情况下，本地缓存会一直被替换为最新的版本，而应用包（母包）只有用户在应用商店中更新到新版本后才会被修改。

8.4.3 进度信息

在图 8-1 中，可以看到热更新管理器有发送 UPDATE_PROGRESSION 消息给用户。目前版本中，用户接收到的进度信息包含字节级进度和文件级进度（百分比数值）：

```
function updateCb (event) {
    switch (event.getEventCode())
    {
        case jsb.EventAssetsManager.UPDATE_PROGRESSION:
            cc.log("Byte progression : " + event.getPercent() / 100);
            cc.log("File progression : " + event.getPercentByFile() /
100);
            break;
    }
}
```

常用的信息如下。

（1）字节级进度（百分比）：getPercent。

（2）文件级进度（百分比）：getPercentByFile。

（3）已接收到的字节数：getDownloadedBytes。

（4）总字节数：getTotalBytes。

（5）已接收到的文件数：getDownloadedFiles。

（6）总文件数：getTotalFiles。

8.4.4 断点续传

热更新管理器支持断点续传，并且同时支持文件级别和字节级别的断点续传。

那么具体是怎么做的呢？首先我们使用 manifest 文件来标识每个资源的状态，比如未开始、下载中、下载成功，在热更新过程中，文件下载完成会被标识到内存的 manifest 中，当下载完成的文件数量每到一个进度节点（默认以 10% 为一个节点），会将内存中的 manifest 序列化并保存到临时文件夹中。具体的步骤展示在流程图多线程并发下载资源部分，如图 8-3 所示。

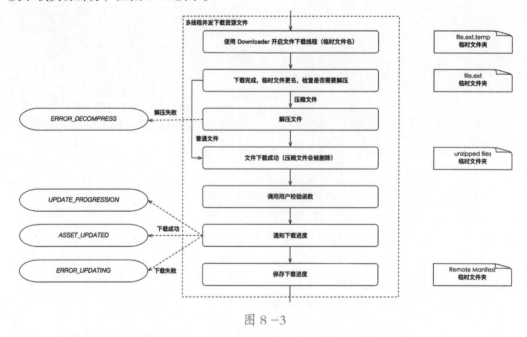

图 8-3

在中断之后，再次启动热更新流程时，会去检查临时文件夹中是否有未完成的更新，校验版本是否和远程匹配后，则直接使用临时文件夹中的 manifest 作为 Remote manifest 继续更新。此时，对于下载状态为已完成的文件不会重新下载，对于下载中的文件会尝试发送续传请求给服务器（服务器需要支持 Accept-Ranges，否则从头开始下载）。

8.4.5 控制并发

从 Cocos Creator v1.4 和 Cocos2d-x v3.15 开始，热更新管理器添加了控制下载并发数量的 API，使用方式如下：

```
assetsManager.setMaxConcurrentTask(10);
```

8.4.6 版本对比函数

热更新流程中很重要的步骤是比较客户端和服务端的版本，默认情况下只有当服务端主版本比客户端主版本更新时才会去更新。引擎中实现了一个版本对比的函数，它的最初版本因使用了最简单的字符串比较而为人诟病，比如会出现 1.9 > 1.10 的情况。在 Cocos Creator v1.4 和 Cocos2d-x v3.15 之后，升级为支持 x.x.x.x 四个序列版本的对比函数（x 为纯数字），不符合这种版本号模式的情况则会继续使用字符串比较函数。

除此之外，我们还允许用户使用自己的版本对比函数，使用方法如下：

```
// versionA 和 versionB 都是字符串类型
assetsManager.setVersionCompareHandle(function (versionA, versionB) {
    var sub = parseFloat(versionA) - parseFloat(versionB);
    // 当返回值大于 0 时，versionA > versionB
    // 当返回值等于 0 时，versionA = versionB
    // 当返回值小于 0 时，versionA < versionB
    return sub;
});
```

8.4.7 下载后文件校验

由于下载过程中可能由于网络原因或其他网络库的问题导致下载的文件内容有问题，所以系统提供了用户文件校验接口。在文件下载完成后，热更新管理器会调用这个接口（用户实现的情况下），如果返回 true 表示文件正常，返回 false 表示文件有问题。代码如下：

```
assetsManager.setVerifyCallback(function (filePath, asset) {
    var md5 = calculateMD5(filePath);
    if (md5 === asset.md5)
        return true;
    else
        return false;
});
```

由于 manifest 中的资源版本建议使用 md5 码，所以在校验函数中计算下载文件的 md5 码去和 asset 的 md5 码比对即可判断文件是否正常。除了 md5 信息之外，asset 对象还包含下面的属性。

（1）md5：md5 码。

（2）path：服务器端相对路径。

（3）compressed：是否为压缩文件。

（4）size：文件尺寸。

（5）downloadState：下载状态，包含 UNSTARTED、DOWNLOADING、SUCCESSED、UNMARKED。

8.4.8　错误处理和失败重试

在流程图的左侧，大家应该注意到了不少的用户消息，这些用户消息都是可以通过热更新的事件监听器来获得通知的，具体可以参考范例中热更新组件的实现。流程图标识了所有错误信息的触发时机和原因，开发者可以根据自己的系统设计来做出相应的处理。

最重要的就是当下载过程中出现异常，比如下载失败、解压失败、校验失败，最后都会触发 UPDATE_FAILED 事件，此时热更新管理器中记录了所有失败的资源列表，开发者可以通过很简单的方式进行失败资源的下载重试：

```
assetsManager.downloadFailedAssets();
```

调用这个接口之后，会重新进入热更新流程，仅下载之前失败的资源，整个流程和正常的热更新流程是一致的。

8.4.9　重启的必要性

如果要使用热更新之后的资源，需要重启游戏。有两个原因，第一是更新下来的脚本需要干净的 JS 环境才能正常运行。第二是场景配置，AssetsLibrary 中的配置都需要更新到最新才能够正常加载场景和资源。

1. JS 脚本的刷新

在热更新完成后，游戏中的所有脚本实际上已经执行过，所有的类、组件、对象都已经存在 JS context 中了，此时如果不重启而直接加载脚本，同名的类和对象的确会被覆盖，但是已经用旧的类创建的对象是一直存在的，而被直接覆盖的全局对象在运行过程中修改的状态也全部丢失了。试想一下，旧版本的对象和新版本的对象互相冲突的场景，一定很壮观，而且对内存造成的额外开销也很大。

2. 资源配置的刷新

在 Cocos2d-x/JS 中，的确可以做到不重启直接启用新的贴图、字体、音效等资源，但是这点在 Cocos Creator 中并不成立，原因在于 Cocos Creator 的资源也依赖于配置，场景依赖于 settings.js 中的场景列表，而 raw assets 依赖于 settings.js 中的 raw assets 列表。如果 settings.js 没有重新执行，并被 main.js 和 AssetsLibrary 重新读取，那么游戏是加载不到新的场景和资源的。

上面是热更新后必须要重启的原因，不过如何启用新的资源呢？那就需要依赖 Cocos 引擎的搜索路径机制了。Cocos 中所有文件都是通过 FileUtils 读取的，而 FileUtils 会按照搜索路径的优先级顺序查找文件。那么解决方案就很简单了，只要将热更新的缓存目录添加到搜索路径中，并且前置，那么就会优先搜索到缓存目录中的资源。下面是示例代码：

```
if (jsb) {
    // 创建 AssetsManager
     var assetsManager = new jsb.AssetsManager(manifestUrl,
storagePath);
      // 初始化后的 AssetsManager 的 local manifest 就是缓存目录中的 manifest
      var hotUpdateSearchPaths = assetsManager.getLocalManifest().
getSearchPaths();
      // 默认的搜索路径
    var searchPaths = jsb.fileUtils.getSearchPaths();

    // hotUpdateSearchPaths 会前置在 searchPaths 数组的开头
    Array.prototype.unshift.apply(searchPaths, hotUpdateSearchPaths);

    jsb.fileUtils.setSearchPaths(searchPaths);
}
```

值得一提的是，这段代码必须在 main.js 中 require 其他脚本之前执行，否则还是会加载应用包内的脚本。

8.5　进阶主题

上面的内容已经覆盖了热更新管理器的大部分实现和使用细节，应该可以解答开发者的大多数疑问。不过在一些特殊的应用场景下，可能需要一些特殊的技巧来避免热更新引发的问题。

8.5.1　迭代升级

对于游戏开发者来说，热更新是比较频繁的需求，从一个大版本升级到另一个大版本，中间可能会发布多个热更新版本。那么下面两个问题是开发者比较关心的。

（1）在本地缓存覆盖过程中会发生什么问题？

当用户环境中已经包含一个本地缓存版本时，热更新管理器会比较缓存版本和应用包内版本，使用较新的版本作为本地版本。如果此时远程版本有更新，热更新管理器在更新过程中，按照正常流程，会使用临时文件夹来下载远程版本。当远程版本更新成功后，临时文件夹的内容会被复制到本地缓存文件夹中，同名文件会被覆盖，最后删除临时文件夹。注意，这个过程中并不会删除本地缓存中的原始文件，因为这些文件可能仍是有效的，只是它们没有在这次版本中被修改。

所以理论上小版本的持续热更新不会遇到什么问题。

（2）游戏大版本更新过程中，应该怎么处理缓存？

在游戏包更新过程中，开发者可能会想要彻底清理本地的热更新缓存。此时有很多种做法，比如可以记录当前的游戏版本，检查 cc.sys.localStorage 中保存的版本是否匹配，如果不匹配，则可以做一次清理操作：

```
// 之前版本保存在 local Storage 中的版本号，如果没有认为是旧版本
 var previousVersion = parseFloat( cc.sys.localStorage.
getItem('currentVersion') );
// game.currentVersion 为该版本的常量
if (previousVersion < game.currentVersion) {
    // 热更新的储存路径，如果旧版本中有多个，可能需要记录在列表中，全部清理
    jsb.fileUtils.removeDirectory(storagePath);
}
```

8.5.2　更新引擎

升级游戏使用的引擎版本是对热更新产生巨大影响的一个因素。在原生项目中存在一个 src/jsb_polyfill.js 文件，这个文件是 JS 引擎编译出来的，包含了 C++ 引擎一些接口的封装和 Entity Component 层的代码。在不同版本的引擎中，文件代码有比较大的差异，而 C++ 底层也会随之发生一些改变。这种情况下，如果游戏包内的 C++ 引擎版本和 src/jsb_polyfill.js 的引擎版本不一致，就可能导致严重的问题，甚至导致游戏完全无法运行。

建议更新引擎之后，尽量推送大版本到应用商店。如果不想更新大版本，则要仔细完成各个旧版本更新版本的测试。

8.6　资源热更新案例

8.6.1　使用场景和设计思路

游戏开发者对资源热更新的使用场景都非常熟悉，对于已发布的游戏，在游戏内通过从服务器动态下载新的游戏内容，来保持玩家对游戏的新鲜感，是让一款游戏长盛不衰非常重要的手段。当然热更新还有一些其他的用途，不过在此不再深入讨论，下面将主要讨论 Cocos Creator 对热更新支持的原理和方式。

Cocos Creator 中的热更新主要源于 Cocos 引擎中的 AssetsManager 模块对热更新的支持。它有个非常重要的特点：服务端和本地均保存完整版本的游戏资源，热更新过程中通过比较服务端和本地版本的差异来决定更新哪些内容。这样即可天然支持跨版本更新，比如本地版本为 A，远程版本是 C，则直接更新 A 和 C 之间的差异，并不需要生成 A 到 B 和 B 到 C 的更新包，依次更新。所以，在这种设计思路下，新版本的文件以

离散的方式保存在服务端，更新时以文件为单位下载。

除此之外，由于 Web 版本可以通过服务器直接进行版本更新，所以资源热更新只适用于原生发布版本。AssetsManager 类也只运行在原生 jsb 命名空间下，在使用的时候需要注意判断运行环境。

8.6.2　manifest 文件

对于不同版本的文件级差异，AssetsManager 中使用 manifest 文件来进行版本比对。本地和远端的 manifest 文件分别标示了当前版本包含的文件列表和文件版本，这样就可以通过比对每个文件的版本来确定需要更新的文件列表。

manifest 文件中包含以下几个重要信息。

（1）远程资源包的根路径。

（2）远程 manifest 文件地址。

（3）远程 Version 文件地址（非必需）。

（4）主版本号。

（5）文件列表：以文件路径来索引，包含文件版本信息，一般推荐用文件的 md5 校验码来作为版本号。

（6）搜索路径列表。

其中 Version 文件内容是 manifest 文件内容的一部分，不包含文件列表。由于 manifest 文件可能比较大，如果每次检查更新的时候都完整下载，可能影响体验，所以开发者可以额外提供一个非常小的 Version 文件。AssetsManager 会首先检查 Version 文件提供的主版本号来判断是否需要继续下载 manifest 文件并更新。

8.6.3　在 Cocos Creator 项目中支持热更新

在本教程中，将提出一种对 Cocos Creator 项目可行的热更新方案，官方也在 Cocos2d-x 中开放了 Downloader 的 JavaScript 接口，用户可以自由开发自己的热更新方案。

在开始详细讲解之前，开发者可以看一下 Cocos Creator 发布原生版本后的目录结构，这个目录结构和 Cocos2d-x JS 项目的目录是完全一致的。对于 Cocos Creator 来说，所有 JS 脚本将会打包到 src 目录中，其他 Assets 资源将会被导出到 res 目录。

如 Android 打包再拆包之后 assets 目录结构如图 8-4 所示。

图 8-4

基于这样的项目结构，本章的热更新思路很简单。

（1）基于原生打包目录中的 res 和 src 目录生成本地 manifest 文件。

（2）创建一个热更新组件来负责热更新逻辑。

（3）游戏发布后，若需要更新版本，则生成一套远程版本资源，包含 res 目录、src 目录和 manifest 文件，将远程版本部署到服务端。

（4）当热更新组件检测到服务端 manifest 版本不一致时，就会开始热更新。

为了展示热更新的过程，旧版本设为 1.0.0 版本；在 remote-assets 目录中保存最新的完整版本，设为 1.1.0 版本；游戏开始时会检查远程是否有版本更新，如果发现远程版本则提示用户更新，如图 8-5 所示。更新完成后，用户重新进入游戏。

图 8-5

注意：项目中包含的 remote-assets 为 debug 模式，开发者在测试的时候必须使用 debug 模式构建项目才有效，否则因 release 模式的 jsc 文件优先级会高于 remote-assets 中的资源而导致脚本运行失效。

8.6.4 部署 Web 服务器

为了让游戏可以检测到远程版本，可以在本机上模拟一个远程服务器。搭建服务器的方案多种多样（比如 Node.js + Express），读者也可以使用其他 Web 服务器，如 IIS、Apache、Nginx、Lighttpd、Tomcat、Python + SimpleHTTPServer 等，这里使用 Node.js + Express 搭建，开发者可以使用自己习惯的方式。搭建成功后，访问远程包和 manifest 文件的地址与范例工程中不同，所以需要修改以下几个地方来让游戏可以成功找到远程包。

（1）assets/project.manifest：游戏的本地 manifest 文件中的 packageUrl、

remoteManifestUrl 和 remoteVersionUrl。

（2）remote-assets/project.manifest：远程包的 manifest 文件中的 packageUrl、remoteManifestUrl 和 remoteVersionUrl。

（3）remote-assets/version.manifest：远程包的 Version 文件中的 packageUrl、remoteManifestUrl 和 remoteVersionUrl。

1. 下载和安装 Node LTS 版本

进入 Node.js 的官网网站，下载 LTS 版本，如图 8-6 所示。下载地址为 https://nodejs.org/zh-cn/。

图 8-6

下载之后，双击 Nodejs 文件，按照默认步骤操作即可。

2. 部署本地 Web 服务器

（1）新建 nodejs 目录。

（2）安装 express 组件，借助 express 模块搭建 http 服务器。在刚刚创建的 nodejs 目录中，按住 Shift 键，单击鼠标右键，选择【打开 PowerShell 窗口】命令，在打开的对话框中执行 npm install express 命令。耐心等待，npm 工具会自动从网络下载相关的模块，如图 8-7 所示。

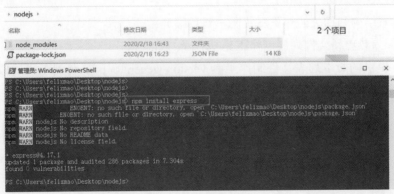

图 8-7

（3）编写脚本 app.js，代码如下：

```
var express = require('express')
```

```
var path = require('path')
var app = express();
app.use(express.static(path.join(__dirname, 'hotUpdate')));
app.listen(80);
```

（4）在 nodejs 下新建 hotUpdate 作为热更新资源的目录，在 hotUpdate 目录下新建 remote-assets 远程版本资源目录，后续会将生成的版本信息文件、代码、资源复制到该目录下，如图 8-8 所示。

图 8-8

（5）启动 Web 服务器。在 nodejs 目录下面输入命令 node .\app.js，来启动 web 服务器。然后在浏览器地址栏中输入 http://127.0.0.1 或者 http://localhost，目前 Web 服务器中没有文件，所以提示了"Cannot GET /"，如图 8-9 所示。后面我们将热更新文件放到 Web 服务器，就可以正常访问了。

图 8-9

8.6.5　搭建测试场景

（1）导入本章提供的源码。

关于场景结构和相关的热更新代码本章后续介绍。

（2）导入热更新文件列表制作工具 version_generator。

将本章提供的版本列表文件制作工具 version_generator.js 复制到工程的根目录，本工具依赖 node 环境，所以读者需要安装好 node 环境。

（3）导入 packages 插件。

将本章提供的 packages_hot-update.zip 文件中的 hot-update 目录复制到工程中的 packages 目录，下面有两个文件：

```
updateGame\packages\hot-update\main.js
updateGame\packages\hot-update\ package.json
```

本插件的功能是在打包完之后，自动在 main.js 启动脚本中插入一段代码，这段代码的作用是优先使用从远程下载的资源和代码：

```
(function () {
    if (typeof window.jsb === 'object') {
        var HotUpdateSearchPaths = localStorage.getItem('HotUpdateSearch
Paths');
        if (HotUpdateSearchPaths) {
            jsb.fileUtils.setSearchPaths(JSON.parse(HotUpdateSearchPaths));
        }
    }
})();
```

这一步必须要做的原因是：热更新的本质是用远程下载的文件取代原始游戏包中的文件。Cocos 的搜索路径恰好满足这个需求，它可以指定远程包的下载地址作为默认搜索路径，这样游戏运行过程中就会使用下载好的远程版本。另外，这里搜索路径是在上一次更新的过程中使用 cc.sys.localStorage 固化保存在用户机器上的，HotUpdateSearchPaths 这个键值是在 HotUpdate.js 中指定的，保存和读取过程使用的名字必须匹配。

8.6.6　场景结构分析

本节分析一下场景结构。为了演示新旧版本的区别，所以增加了一个 newVersionLabel 节点，旧版本中不显示这个节点，新版本中才显示这个节点。如果更新之后，显示了这个节点，说明我们的热更新成功了。

1. 场景结构图

场景结构图，如图 8-10 所示。

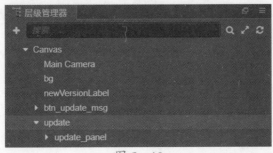

图 8-10

（1）bg 为背景图。

（2）newVersionLabel 为一个提示信息，只在新版本中显示，旧版本中不显示（演示目的）。

（3）btn_update_msg 是一个按钮，弹出更新界面使用的，正常游戏不需要这个按钮。

（4）update 为热更新界面，正常的游戏需要单独一个场景，热更新场景不和正常的游戏逻辑场景混在一起，这里为了演示的方便，所以放到了一起。读者可以根据本章介绍的内容，将热更新代码提取出来，热更新之后，就可以跳转到正常的游戏界面，如登录场景 loginScene，如图 8-11 所示。

图 8-11

下面简单地分析一下热更新弹框的层级结构，如图 8-12 所示。

图 8-12

（1）热更标题 update_title 和 关闭按钮 close。

（2）文件个数进度条相关的 label1 和 fileProgress。

（3）字节级别进度条相关的 label2 和 byteProgress。

（4）提示信息 info 和版本号 info_version, info_version_title。

（5）启动热更新按钮 update_btn。

（6）重试按钮 retry_btn。

（7）两个进度相关的分数分割线 filep 和 bytep。

2. UpdatePanel 代码

update_panel 节点上挂接了一个 UpdatePanel.js 脚本，本脚本定义了一些变量，可以通过这些变量得到相关 UI 界面上相关节点的引用。代码如下：

```
module.exports = cc.Class({
    extends: cc.Component,
    properties: {
        info: cc.Label,                 // 提示信息
        info_version: cc.Label,         // 用于显示版本号
```

```
        fileProgress: cc.ProgressBar,        // 文件进度条
        fileLabel: cc.Label,                 // 文件进度 title
        byteProgress: cc.ProgressBar,        // 字节进度条
        byteLabel: cc.Label,                 // 字节进度 title
        close: cc.Node,                      // 关闭 btn
        retryBtn: cc.Node,                   // 重试 btn
        updateBtn: cc.Node,                  // 更新 btn
    },
    onLoad () {
        this.close.on(cc.Node.EventType.TOUCH_END, function () {
            this.node.parent.active = false;
        }, this);
    }
});
```

挂载相关的节点到 UpdatePanel 上即可，如图 8-13 所示。

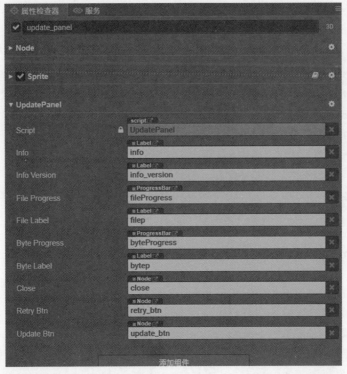

图 8 -13

3. HotUpdate 关键代码

将 HotUpdate 脚本代码挂接在 Canvas 上，保证了 HotUpdate 脚本一定会运行。下面列举一些关键代码。

（1）关键代码。

```
cc.Class({
    extends: cc.Component,
    properties: {
        panel: require('UpdatePanel'),        // UpdatePanel 脚步引用
        manifestUrl: {                        // 本地文件列表文件
            type: cc.Asset,
            default: null
        },
        updateUI: cc.Node,                    // 热更 UI 节点
        _updating: false,                     // 正在更新 flag
        _canRetry: false,                     //
        _storagePath: '',                     // 存储路径
        _remoteAssetPath: 'remote-assets',    // 保存热更资源的目录
    },
```

下面是 onLoad 代码，设置热更代码的保存位置，初始化热更管理器 this._assetsManager，并启动版本检测函数 checkUpdate。

```
// 用 onLoad 函数来初始化热更新逻辑
onLoad: function () {
    // 本热更新代码只支持原生，所以 web 端无效
    if (!cc.sys.isNative) {
        return;
    }
this._storagePath = ((jsb.fileUtils ? jsb.fileUtils.getWritablePath() :
'/')
  + this._remoteAssetPath);
    cc.log('Storage path for remote asset : ' + this._storagePath);

    // 设置自定义的版本比较函数，versionA 和 versionB 是类似 "1.2.0" 的字符串
    // 如果返回值大于 0, versionA > versionB
    // 如果返回值等于 0, versionA = versionB
    // 如果返回值小于 0, versionA < versionB
    this.versionCompareHandle = function (versionA, versionB) {
        cc.log("JS Custom Version Compare: version A is " + versionA + ',
        version B is ' + versionB);
        var vA = versionA.split('.');
        var vB = versionB.split('.');
        for (var i = 0; i < vA.length; ++i) {
            var a = parseInt(vA[i]);
```

```
        var b = parseInt(vB[i] || 0);
        if (a === b) {
                continue;
        } else {
                return a - b;
        }
}

        if (vB.length > vA.length) {
                return -1;
        } else {
                return 0;
        }
};
```

```
// 使用空的 manifest url 地址，测试自定义第 manifest 文件
this._assetsManager = new jsb.AssetsManager('', this._storagePath,
    this.versionCompareHandle);
```

```
var panel = this.panel;
```

```
// 设置校验回调函数，校验通过返回 true，否则返回 false
// 读者朋友自行完成根据 md5 的校验
this._assetsManager.setVerifyCallback(function (path, asset) {
        // 资源被压缩，我们不需要检测 zip 压缩包的 md5 值
        var compressed = asset.compressed;
        // 资源的正确 md5 值，md5 基本可以保证唯一性了。
        var expectedMD5 = asset.md5;
        // 资源的相对路径
        var relativePath = asset.path;
        // 资源文件的大小
        var size = asset.size;
        if (compressed) {
                panel.info.string = "校验通过 : " + relativePath;
                return true;
        } else {
        panel.info.string = "校验通过 : " + relativePath + ' (' + expect-
        edMD5 + ')';
                return true;
        }
});
```

```
    this.panel.info.string = ' 热更新准备好了，请检测或直接更新 ...';

    if (cc.sys.os === cc.sys.OS_ANDROID) {
        // 当并发任务太多时，一些 Android 设备可能会减慢下载过程。
        // 这个值可能不精确，请做更多的测试，以便找到一个合适的值 .
        this._assetsManager.setMaxConcurrentTask(2);
        this.panel.info.string = " 最大并行下载任务设置为 2";
    }

    this.panel.fileProgress.progress = 0;
    this.panel.byteProgress.progress = 0;

    // 刚启动的时候强制检测是否需要更新版本
    this.checkUpdate();
},
```

（2）开始检测版本。

```
// 开始检测版本
checkUpdate: function () {
    if (this._updating) {
        this.panel.info.string = ' 正在检测或更新中 ...';
        return;
    }

    if (this._assetsManager.getState() === jsb.AssetsManager.State.
UNINITED) {
        // Resolve md5 url
        var url = this.manifestUrl.nativeUrl;
        if (cc.loader.md5Pipe) {
            url = cc.loader.md5Pipe.transformURL(url);
        }
        this._assetsManager.loadLocalManifest(url);
    }

    if (!this._assetsManager.getLocalManifest() ||
    !this._assetsManager.getLocalManifest().isLoaded()) {
        this.panel.info.string = ' 下载本地的 manifest 失败 ...';
        return;
    }
```

```
        this._assetsManager.setEventCallback(this.checkCallBack.
bind(this));
        this._assetsManager.checkUpdate();
        this._updating = true;

        // 显示最新的版本号
        var localManifest = this._assetsManager.getLocalManifest();
        if (localManifest) {
          this.panel.info_version.string = localManifest.getVersion();
        }
    },

    // 检测回调函数
    checkCallBack: function (event) {
        cc.log('felixmaoCode: ' + event.getEventCode(), event, JSON.
stringify(event));
        switch (event.getEventCode()) {
          case jsb.EventAssetsManager.ERROR_NO_LOCAL_MANIFEST:
            this.panel.info.string = "没有本地的manifest文件热更新将跳过.";
                break;
          case jsb.EventAssetsManager.ERROR_DOWNLOAD_MANIFEST:
            this.panel.info.string = "错误下载 manifest 文件，请检测 web 服务
器是否为 https 协议或客户端是否忘记添加了权限 .";
                break;
          case jsb.EventAssetsManager.ERROR_PARSE_MANIFEST:
            this.panel.info.string = "解析manifest文件失败,跳过热更新流程.";
                break;
          case jsb.EventAssetsManager.ALREADY_UP_TO_DATE:
            this.panel.info.string = "本地与远端版本一致，无须更新 ...";
            this.panel.updateBtn.active = false;
                break;
          case jsb.EventAssetsManager.NEW_VERSION_FOUND:
            this.panel.info.string = ' 发现新版本，请尝试更新游戏 .';
            this.panel.updateBtn.active = true;
            this.panel.fileProgress.progress = 0;
            this.panel.byteProgress.progress = 0;
            break;
          default:
            return;
        }
```

```
        this._assetsManager.setEventCallback(null);
        this._checkListener = null;
        this._updating = false;
    },
```

（3）如果发现有新版本，会提示相关的信息在界面上，用户可以通过单击"立即更新"按钮执行更新逻辑。

```
// 执行更新后的回调
updateCallback: function (event) {
    var needRestart = false;
    var failed = false;
    switch (event.getEventCode()) {
        case jsb.EventAssetsManager.ERROR_NO_LOCAL_MANIFEST:
            this.panel.info.string = '没有本地的manifest文件热更新将跳过.';
            failed = true;
            break;
        case jsb.EventAssetsManager.UPDATE_PROGRESSION:
            this.panel.byteProgress.progress = event.getPercent();
            this.panel.fileProgress.progress = event.getPercentByFile();
    this.panel.fileLabel.string = event.getDownloadedFiles() + ' / ' + event.
getTotalFiles();
    this.panel.byteLabel.string = event.getDownloadedBytes() + ' / '
    + event.getTotalBytes();

            var msg = event.getMessage();
            if (msg) {
                this.panel.info.string = '更新文件: ' + msg;
                // cc.log(event.getPercent()/100 + '% : ' + msg);
            }
            break;
    case jsb.EventAssetsManager.ERROR_DOWNLOAD_MANIFEST:
    this.panel.info.string = '下载manifest配置文件失败，将跳过热更新.';
            failed = true;
            break;
    case jsb.EventAssetsManager.ERROR_PARSE_MANIFEST:
    this.panel.info.string = '解析manifest配置文件失败，将跳过热更新.';
            failed = true;
            break;
    case jsb.EventAssetsManager.ALREADY_UP_TO_DATE:
```

```
            this.panel.info.string = '恭喜,已经与远端版本保持一致了!!';
            failed = true;
            break;
        case jsb.EventAssetsManager.UPDATE_FINISHED:
            this.panel.info.string = '更新完成 .' + event.getMessage();
            needRestart = true;
            break;
        case jsb.EventAssetsManager.UPDATE_FAILED:
            this.panel.info.string = '更新失败 .'+ event.getMessage();
            this.panel.retryBtn.active = true;
            this._updating = false;
            this._canRetry = true;
            break;
        case jsb.EventAssetsManager.ERROR_UPDATING:
            this.panel.info.string = '资源更新失败 id 为: ' + event.
getAssetId() + ', ' + event.getMessage();
            break;
        case jsb.EventAssetsManager.ERROR_DECOMPRESS:
            this.panel.info.string = event.getMessage();
            break;
        default:
            break;
    }

    if (failed) {
        this._assetsManager.setEventCallback(null);
        this._updateListener = null;
        this._updating = false;
    }


    // 重新开始游戏 cc.game.restart
    if (needRestart) {
        this._assetsManager.setEventCallback(null);
        this._updateListener = null;
        // 预先设置清单的搜索路径
        var searchPaths = jsb.fileUtils.getSearchPaths();
        var newPaths = this._assetsManager.getLocalManifest().
getSearchPaths();
        console.log(JSON.stringify(newPaths));
        Array.prototype.unshift.apply(searchPaths, newPaths);
        //新版本的资源被添加到了搜索路径的前面,所以游戏启动的时候,引擎会优先使
```

用热更之后的资源和脚步代码

```
// !!! 重要提示 : 在 main.js 中添加查找路径非常 , 否则，新资源和脚步不会生效。这
个功能通过 packages/hot-update 自动完成
cc.sys.localStorage.setItem('HotUpdateSearchPaths',
JSON.stringify(searchPaths));
jsb.fileUtils.setSearchPaths(searchPaths);

cc.audioEngine.stopAll();
cc.game.restart();   // 重启游戏，执行更新之后的游戏逻辑
}
},
```

8.6.7 Windows 模拟器热更演示

读者的电脑上需要先安装 VS 2017，并将 VS 2017 中的 C++ 的相关模块安装好，请大家自行完成。

1. 构建发布

为了测试版本更新，在构建发布之前，首先打开 newVersionLabel 节点的显示开关，如图 8-14 所示。旧版本不打开这个版本的开关。

图 8-14

选择【项目】→【构建发布】菜单命令，打开【构建发布】面板，修改信息如下。

（1）"发布平台"选择 windows。

（2）"初始场景"选择 testUpdate 场景。

（3）不勾选 MD5 Cache，否则会影响热更新。

（4）"模板"选择 link。

（5）勾选"调试模式"，方便打印消息。

配置信息如图 8-15 所示。

构建发布...
构建发布...
completed
游戏名称
updateGame
发布平台
Windows
发布路径
./build
打开
初始场景
db://assets/scenes/testUpdate.fire
参与构建场景
全选
内联所有 SpriteFrame
合并图集中的 SpriteFrame
MD5 Cache
模板
link
加密脚本
调试模式
Source Maps
构建
编译
运行

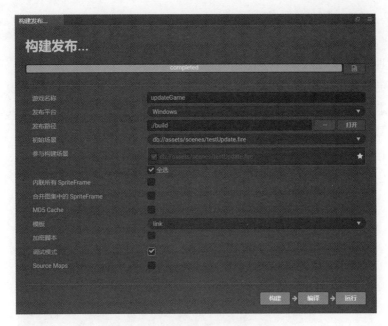

图 8-15

单击【构建】按钮，等待一会儿，会自动创建 build/jsb-link 目录，构建后的目录结构如图 8-16 所示。

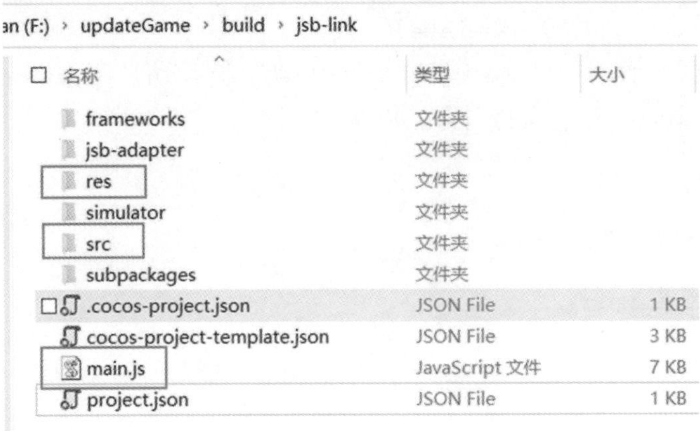

an (F:) › updateGame › build › jsb-link
名称
类型
大小
frameworks
文件夹
jsb-adapter
文件夹
res
文件夹
simulator
文件夹
src
文件夹
subpackages
文件夹
.cocos-project.json
JSON File
1 KB
cocos-project-template.json
JSON File
3 KB
main.js
JavaScript 文件
7 KB
project.json
JSON File
1 KB

图 8-16

图中目前要用的是 res 和 src 这两个目录。

2. 生成新版本热更文件列表

在 DOS 模式进入 assets 所在的目录，生成新版本 manifest 文件，局域网中更换为本地实际 IP 地址，如作者 IP 地址为 192.168.0.100，后续将使用这个 IP 地址，读者更换为自己的 IP 地址。方法为：在 assets 所在目录，即与 assets 保持同级的目录下，按下 Shift 键并右击鼠标，执行快捷菜单中的“打开 PowerShell”命令，打开窗口。然后输入如图 8-17 所示命令：

node version_generator.js -v 1.1.0 -u http://192.168.0.100/remote-assets/ -s build/jsb-link/ -d assets/

参数说明如下。

-v：指定 manifest 文件的主版本号。

-u：指定服务器远程包的地址，这个地址需要和最初发布版本中 manifest 文件的远程包地址一致，否则无法检测到更新。

-s：本地原生打包版本的目录相对路径。

-d：保存 manifest 文件的地址。

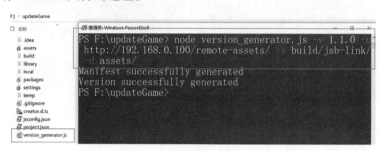

图 8-17

输出结果如下：

```
Manifest successfully generated
Version successfully generated
```

表示生成成功，此时项目 assets 目录下会生成两个版本文件：assets/project.manifest，assets/version.manifest，具体如图 8-18 所示。

图 8-18

3. 工程中引用 project.manifest

将 Canvas 节点下 HotUpdate 组件中的 manifestUrl 变量指向刚刚生成的 project.manifest 文件即可，这个指向作为我们的本地版本号（新旧版本都要引用对应的 project.manifest 文件），如图 8-19 所示。

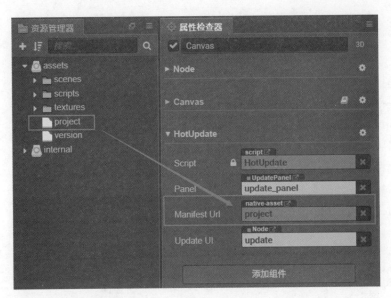

图 8-19

4. 复制对应文件到 Web 服务器

在复制之前，最好再单击一次构建发布中的【构建】按钮，将刚刚生成的 project. manifest 文件同步到 build / jsb-link / res 中。

将下面的文件和目录复制到 Web 服务器的 nodejs/hotUpdate/remote-assets/ 目录。

- assets/project.manifest。
- assets/version.manifest。
- build/jsb-link/res。
- build/jsb-link/src。

复制之后的目录结构如图 8-20 所示。

图 8-20

到目前为止，我们已经准备好了新版本的资源和 Web 服务器，下面开始制作旧版本的资源和基础包（母包）。

5. 生成旧版本的资源

生成之前，将场景中的 newVersionLabel 节点隐藏，保存场景。选择【项目】→【构建发布】→【构建】命令，生成旧版本的资源。然后在工程目录产生旧版本的资源文件列表，命令如下：

```
node version_generator.js -v 1.0.0 -u http://192.168.0.100/remote-
assets/ -s build/jsb-link/ -d assets/
```

输出结果如下：

```
Version successfully generated
Manifest successfully generated
```

表示旧版本的文件列表生成成功。

再次选择【项目】→【构建发布】→【构建】命令，生成文件列表。再单击【编译】按钮，耐心等待，如图 8-21 所示，提示需要安装 VS 2017，并在 VS 2017 中安装的相关的 C++ 模块。

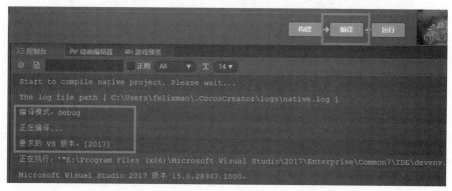

图 8-21

编译完成后，单击编译旁边的【运行】按钮，启动模拟器。

注意：这里不可以直接单击 Cocos Creator 工具栏上的【模拟器】按钮运行，因为每次启动的时候都会用本地的文件刷新运行目录，所以应该使用构建发布中的【运行】按钮，来模拟用户运行的环境。

6. 执行升级过程

启动旧版本程序之后，运行的界面为 1.0.0 旧版本的 UI 界面，如图 8-22 所示。

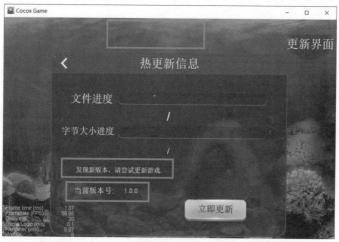

图 8-22

由于开启了 Web 服务器，且服务器端的资源版本为 1.1.0，比本地运行的版本高，所以提示"发现新版本，请尝试更新游戏"，且最上面的"我是新版本"提示信息未显示。

单击【立即更新】按钮，开始执行更新，如图 8-23 所示，进度条会刷新，直到更新完成。

图 8-23

更新完成之后，更新模块会直接启动更新后的游戏场景，如图 8-24 所示。

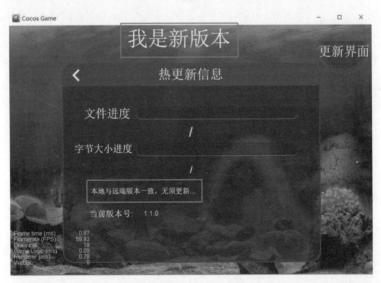

图 8-24

更新过后，显示的版本号 1.1.0，且提示了"本地与远端版本一致，无须更新…"，且最上面的 "我是新版本"提示信息也显示出来了。

145

热更新之后的文件在 "C:\Users\ 用户名 \AppData\Local\ 你的项目名" 中，如作者的目录为 C:\Users\xxxx \AppData\Local\updateGame，如图 8-25 所示。读者可以通过手动删除此文件夹中的内容，实现多次测试和调试热更程序的目的。

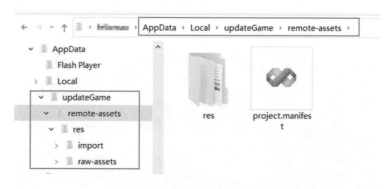

图 8 -25

以上就是热更新的流程演示。

8.6.8　安卓 (Android) 热更新演示

其基本过程与 Windows 模拟器热更新类似，区别是需要安装额外的 SDK 和 NDK，如图 8 -26 所示。

（1）JDK: 至少 1.8.X，并设置好 path 和 JAVA_HOME 等环境变量，读者自行完成。

（2）SDK：安装 Android 10(API 29) SDK 和 Build-Tools 28.0.3。SDK 可以使用 android-sdk_r24.4.1-windows 升级到最新版本，或者使用 Android Studio 工具升级到最新版本，并下载对应版本 SDK 和 NDK 版本 android-ndk-r21-windows-x86_64，下载地址为 https://dl.google.com/android/repository/android-ndk-r21-windows-x86_64.zip。

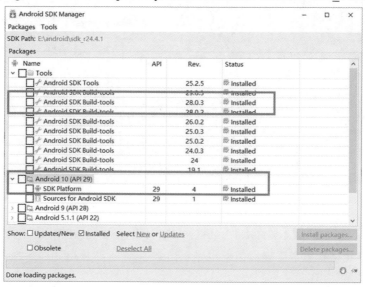

图 8 -26

1. 配置原生环境

在 Cocos Creator 中执行【文件】→【设置】→【原生开发环境】菜单命令，打开【原生开发环境】面板，依次配置 NDK 路径和 Android SDK 路径，具体配置如图 8-27 所示。

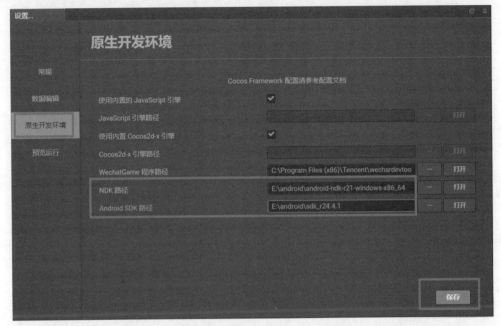

图 8-27

2. 构建配置

由于其构建基本流程与上小节介绍的 Windows 模拟器热更新流程相同，所以只介绍不同点。

首先是构建发布面板中的配置。执行【项目】→【构建发布】菜单命令，打开【构建发布】面板，配置如图 8-28 所示。

（1）"发布平台"选择 Android。

（2）"初始场景"选择 testUpdate 场景。

（3）不勾选 MD5 Cache。

（4）"模板"选择 link。

（5）"包名"根据自己的需要修改，如 com.testupdate.mygame1。这个是 Android 程序的唯一标识，正式包需要认真填写。

（6）"Target API Level"选择 android-29，就是 Android 10。

（7）"APP ABI"：如果是安卓模拟器，需要勾选 armeabi-v7a 和 x86；真机勾选 armeabi-v7a 即可。

（8）密钥库：可以勾选"使用调试密钥库"或自己制作一个。

（9）设备方向：勾选横屏的 2 个选项，即 Landscape Left 和 Landscape Right。

（10）下面的只勾选"调试模式"，暂时不要勾选"加密脚本"（正式上线发布游

戏的时候一定要勾选"加密脚本",这样可以更好地保护源代码不被破解)。具体配置
参考如图 8-29 所示。

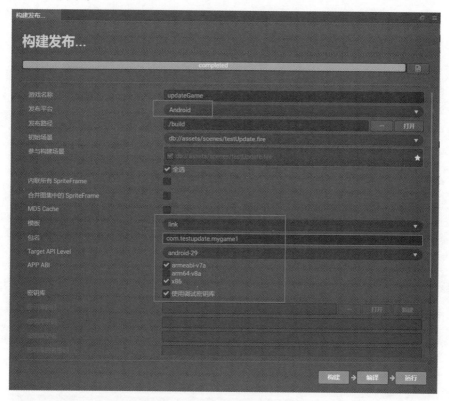

图 8-28

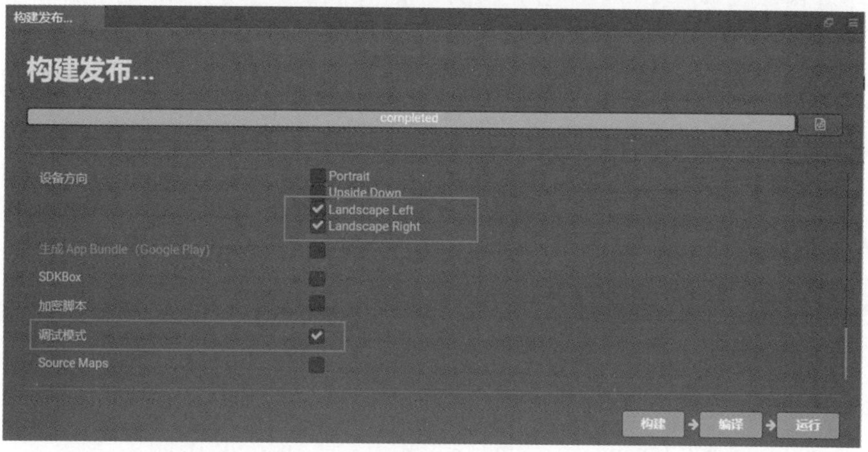

图 8-29

3. 明文传输权限修改

在单击【构建】按钮后,还需要手动修改文件 AndroidManifest.xml。

从 Android P(安卓 9)开始,谷歌官方限制了 http 明文协议的网络请求,非加密
的 http 请求都会被系统禁止。所以默认要用 https 加密协议,解决办法是在 Web 服务器

上开通 https 协议，或者修改客户端为依然使用 http 协议。

游戏上线的时候，最好使用 https 协议，也就是修改 Web 服务器的协议为 https，客户端方面也需要做一些修改，在使用 version_generator.js 工具生成文件资源列表的时候，需要使用 https 协议。即：

```
node version_generator.js -v 1.0.0 -u https://192.168.0.100/remote-
assets/ -s build/jsb-link/ -d assets/
```

本案例通过修改 AndroidManifest.xml 文件的方式，方法为在 build\jsb-link\frameworks\runtime-src\proj.android-studio\app\AndroidManifest.xml，文件中的 application 字段添加一行代码 "android:usesCleartextTraffic="true"，如下所示：

```
<application
    android:allowBackup="true"
    android:label="@string/app_name"
    android:icon="@mipmap/ic_launcher"
android:usesCleartextTraffic="true">
```

然后生成新版本更新资源和旧版本的资源，这里就不做详细的演示了。读者可以参考 Windows 模拟器热更新章节进行学习。

4. 安卓运行热更新流程

将生成的高版本资源放到 Web 服务器，低版本需要生成对应的安卓 apk 文件 (母包或基础包)，编译过程比较慢，请耐心等待。编译过程中如果遇到错误，可以根据 Cocos Creator 控制台中的红色提示信息进行对应的修改。

将生成的安卓 apk 文件安装到安卓模拟器或安卓手机中。

本案例使用夜神模拟器，读者也可以使用其他的模拟器，如天天模拟器，海马模拟等，当然，最好使用安卓真机进行测试。

启动旧版本程序之后，运行的界面为 1.0.0 旧版本的 UI 界面，如图 8-30 所示。

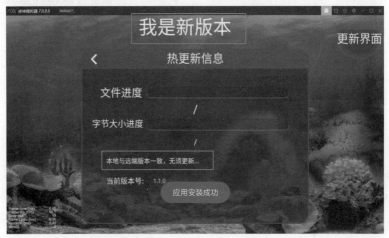

图 8-30

由于开启了 Web 服务器，且服务器端的资源版本为 1.1.0， 比本地运行的版本高，所以提示了"发现新版本，请尝试更新游戏"，且最上面的 "我是新版本"提示信息未显示。

单击【立即更新】按钮，开始执行更新，如图 8-31 所示，进度条会不断增加，直到完成更新。

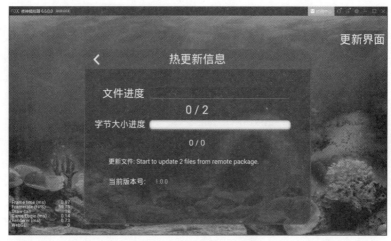

图 8-31

更新完成之后，更新模块会直接启动更新后的游戏场景，如图 8-32 所示。

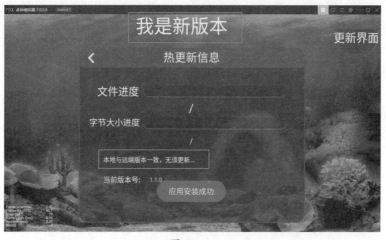

图 8-32

更新过后，显示的版本号 1.1.0，提示了"本地与远端版本一致，无须更新…"，且最上面的"我是新版本"提示信息也显示出来了。

以上为安卓版本的热更新流程。

注意：安卓测试手机 和 Web 服务器最好处于一个局域网，且 Web 服务器关闭防火墙等监控软件 (正式上线的游戏，打开防火墙，只需开放固定的端口号即可)。

8.7　本章小结

　　以上介绍的是目前一种可能的热更新方案，Cocos Creator 在未来版本中会提供更成熟的热更新方案，并直接集成到编辑器中。当然，也会提供底层 Downloader API 来允许用户自由实现自己的热更新方案，并通过插件机制在编辑器中搭建完整可视化的工作流。鼓励开发者针对自己的工作流进行定制，并将本章介绍的操作流程使用全脚本来完成，如 shell 脚本，彻底地解放双手。这些内容留给读者完成。

第9章 原生平台调用

某些游戏需要调用用户相册中的图片当作用户头像，游戏开发后期要接入不同的 SDK，类似支付宝和微信登录，微信支付的接入等，所以需要实现不同平台间的相互调用，例如 Java 和 JavaScript、OC 和 JavaScript。

本章将介绍 2 个平台的原生平台调用，安卓和 iOS 平台。

9.1 安卓平台原生调用

使用 Creator 打包的安卓原生应用中，可以通过反射机制直接在 JavaScript 中调用 Java 的静态方法。它的使用方法很简单：

```
var o = jsb.reflection.callStaticMethod(className, methodName,
methodSignature, parameters...)
```

在 callStaticMethod 方法中，我们通过传入 Java 的类名、方法名、方法签名、参数就可以直接调用 Java 的静态方法，并且可以获得 Java 方法的返回值。

9.1.1 类名

参数中的类名必须是包含 Java 包路径的完整类名，例如我们在 org.cocos2dx.javascript 这个包下面写了一个 Test 类：

```java
package org.cocos2dx.javascript;

public class Test {

    public static void hello(String msg){
        System.out.println(msg);
    }

    public static int sum(int a, int b){
        return a + b;
    }

    public static int sum(int a){
        return a + 2;
    }
}
```

那么这个 Test 类的完整类名应该是 org/cocos2dx/javascript/Test，注意这里必须是斜线（/），而不是在 Java 代码中我们习惯的点（.）。

9.1.2　方法名

方法名很简单，就是方法本来的名字，例如 sum 方法的名字就是 sum。

9.1.3　方法签名

方法签名稍微有一点复杂，最简单的方法签名是 ()V，它表示一个没有参数、没有返回值的方法。下面举一些例子。

（1）（I）V 表示参数为一个 int，没有返回值的方法。

（2）（I）I 表示参数为一个 int，返回值为 int 的方法。

（3）（IF）Z 表示参数为一个 int 和一个 float，返回值为 boolean 的方法。

从中可以看出，括号内的符号表示参数类型，括号后面的符号表示返回值类型。因为 Java 是允许函数重载的，可以有多个方法名相同但是参数返回值不同的方法，方法签名正是用来帮助区分这些相同名字的方法的。

目前 Cocos Creator 中支持的 Java 类型，签名有 4 种，见表 9-1。

表 9-1

Java 类型	签名
int	I
float	F
boolean	Z
String	Ljava / lang / String;

9.1.4　参数

参数可以是 0 个或任意多个，直接使用 JS 中的 number、bool 和 string 就可以。

9.1.5　使用示例

我们将会调用上面的 Test 类中的静态方法：

```
// 调用 hello 方法
jsb.reflection.callStaticMethod("org/cocos2dx/javascript/Test",
"hello", "(Ljava/lang/String;)V", "this is a message from js");

// 调用第一个 sum 方法
var result = jsb.reflection.callStaticMethod("org/cocos2dx/javascript/
```

```
Test", "sum", "(II)I", 3, 7);
    cc.log(result); //10

    // 调用第二个 sum 方法
    var result = jsb.reflection.callStaticMethod("org/cocos2dx/javascript/
Test", "sum", "(I)I", 3);
    cc.log(result); //5
```

9.1.6　注意

有一点需要注意的就是，在 Android 应用中，Cocos 引擎的渲染和 JS 的逻辑是在 GL 线程中进行的，而 Android 本身的 UI 更新是在 App 的 UI 线程进行的，如果我们在 JS 中调用的 Java 方法有任何刷新 UI 的操作，都需要在 UI 线程进行。

例如，在下面的例子中会调用一个 Java 方法，它弹出一个 Android 的 Alert 对话框：

```java
// 给我们熟悉的 AppActivity 类稍微加点东西
public class AppActivity extends Cocos2dxActivity {

    private static AppActivity app = null;
    @Override
    public void onCreate(Bundle savedInstanceState) {
        super.onCreate(savedInstanceState);
        app = this;
    }

    public static void showAlertDialog(final String title,final String message) {

        // 这里一定要使用 runOnUiThread
        app.runOnUiThread(new Runnable() {
            @Override
            public void run() {
                AlertDialog alertDialog = new AlertDialog.Builder(app).
create();
                alertDialog.setTitle(title);
                alertDialog.setMessage(message);
                alertDialog.setIcon(R.drawable.icon);
                alertDialog.show();
            }
        });
    }
}
```

然后在 JS 中调用语句：

```
jsb.reflection.callStaticMethod("org/cocos2dx/javascript/AppActivity",
"showAlertDialog", "(Ljava/lang/String;Ljava/lang/String;)V", "title",
"hahahahha");
```

就可以看到一个 Android 原生的 Alert 对话框了。

9.1.7　Java 调用 JS

既然可以从 JS 调用 Java 了，那么能不能反过来？当然可以。

项目中包含 Cocos2dxJavascriptJavaBridge 类，这个类有一个 evalString 方法可以执行 JS 代码，它位于 frameworks\js-bindings\bindings\manual\platform\android\java\src\org\cocos2dx\lib 文件夹下。下面为刚才的 Alert 对话框增加一个按钮，并在它的响应中执行 JS。和上面的情况相反，这次执行 JS 代码必须在 GL 线程中进行。

一般来说，目前引擎并未承诺多线程下的安全性，所以在开发过程中需要避免 JS 代码在其他线程被调用，以避免各种内存错误。

```
alertDialog.setButton("OK", new DialogInterface.OnClickListener() {
    public void onClick(DialogInterface dialog, int which) {
        // 一定要在 GL 线程中执行
        app.runOnGLThread(new Runnable() {
            @Override
            public void run() {
        Cocos2dxJavascriptJavaBridge.evalString("cc.log(\"Javascript Java
bridge!\")");
            }
        });
    }
});
```

如果要在 C++ 中调用 evalString，可以参考下面的方式，确保 evalString 在 JS 引擎所在的线程被执行：

```
Application::getInstance()->getScheduler()->performFunctionInCocosThread([=](){
    se::ScriptEngine::getInstance()->evalString(script.c_str());
});
```

这样在单击 OK 按钮后，可以在控制台看到正确的输出。evalString 可以执行任何 JS 代码，并且它可以访问 JS 代码中的对象。

9.2　iOS 平台原生调用

使用 Creator 打包的 iOS / Mac 原生应用中，我们也提供了在 iOS 和 Mac 上 JavaScript 通过原生语言的反射机制直接调用 Objective-C 函数的方法，示例代码如下：

```
var result = jsb.reflection.callStaticMethod(className, methodName,
arg1, arg2, ...);
```

在 jsb.reflection.callStaticMethod 方法中，通过传入 OC 类名、方法名、参数就可以直接调用 OC 的静态方法，并且可以获得 OC 方法的返回值。注意，它仅仅支持调用可访问类的静态方法。

警告：苹果 App Store 在 2017 年 3 月对部分应用发出了警告，原因是它们使用了一些有风险的方法，其中 respondsToSelector 和 performSelector: 是反射机制使用的核心 API，在使用时请关注苹果官方对此的声明。

9.2.1　类

参数中的类名只需要传入 OC 中的类名，且类名不需要路径。比如在工程下新建一个类 NativeOcClass，只要将其引入工程，那么它的类名就是 NativeOcClass，并不需要传入它的路径。

```
import <Foundation/Foundation.h>
@interface NativeOcClass : NSObject
+(BOOL)callNativeUIWithTitle:(NSString *) title andContent:(NSString *)
content;
@end
```

9.2.2　方法

JS 到 OC 的反射仅支持 OC 中类的静态方法。

传入的方法名要完整，特别是当某个方法带有参数的时候，需要将它的 “:” 也带上。如下面的例子，方法名是 callNativeUIWithTitle:andContent:，不要漏掉了中间的 “:”：

```
+(BOOL)callNativeUIWithTitle:(NSString *)title andContent:(NSString *)
content;
```

如果是没有参数的函数，那么就不需要 “：”。如下面代码中的方法名是 callNativeWithReturnString，由于没有参数，就不需要 “：”，跟 OC 的 method 写法一致：

```
+(NSString *)callNativeWithReturnString;
```

9.2.3　使用示例

下面的示例代码将调用上面 NativeOcClass 的方法，在 JS 层只需要这样调用：

```
var ret = jsb.reflection.callStaticMethod("NativeOcClass",
                        "callNativeUIWithTitle:andContent:",
                        "cocos2d-js",
                        "Yes! you call a Native UI from Reflection");
```

因为这个方法在 OC 实现，可以看到是弹出一个原生对话框。把 title 和 content 设置成传入的参数，返回一个 boolean 类型的返回值：

```
+(BOOL)callNativeUIWithTitle:(NSString *) title andContent:(NSString *)
content{
    UIAlertView*alertView=[[UIAlertView alloc] initWithTitle:title message:content
delegate:self cancelButtonTitle:@"Cancel" otherButtonTitles:@"OK", nil];
    [alertView show];
    return true;
}
```

此时，就可以在 ret 中接收到从 OC 传回的返回值（true）了。

9.2.4　Objective-C 执行 JS 代码

反过来，我们也可以通过 evalString 在 C++ / Objective-C 中执行 JavaScript 代码。比如：

```
Application::getInstance()->getScheduler()->performFunctionInCocosThread([=](){
    se::ScriptEngine::getInstance()->evalString(script.c_str());
});
```

需要注意的是，除非明确当前线程是主线程，否则需要将函数分发到主线程执行。

9.2.5　注意

在 OC 的实现过程中，如果方法的参数需要使用 float、int、bool 类型值，需进行如下类型进行转换：

- float、int 转换成 NSNumber 类型。
- bool 转换成 BOOL 类型。

例如下面代码传入两个浮点数，然后计算它们的和并返回，此时需使用 NSNumber 而不是 int、float 作为参数类型：

```
+(float) addTwoNumber:(NSNumber *)num1 and:(NSNumber *)num2{
    float result = [num1 floatValue]+[num2 floatValue];
    return result;
}
```

当前，参数和返回值支持 int、float、bool、string，其余的类型暂时不支持。

9.3 本章小结

本章介绍了 Cocos Creator 开发原生游戏中，如何与原生系统进行交互，来扩充游戏的功能。如得到设备 ID，获得相册中的图片，接入第三方第 SDK 等功能都需要与原生系统进行交互。

本章分别介绍类了安卓平台和 iOS 平台的调用，包括 JS 调用 JAVA、JAVA 调用 JS、JS 调用 OC、OC 调用 JS 等操作和相关注意事项。

第 10 章　命令行发布项目

通过命令行发布项目，可以帮助大家构建自己的自动化流程，修改命令行的参数可以满足不同的构建需求。

10.1　命令行发布参考

下面以构建 Android 平台、Debug 模式为例为参考。

（1）Mac。

```
/Applications/CocosCreator.app/Contents/MacOS/CocosCreator --path projectPath
--build "platform=android;debug=true"
```

（2）Windows。

```
CocosCreator/CocosCreator.exe --path projectPath --build "platform=android;
debug=true"
```

（3）如果希望在构建完原生项目后自动开始编译的话，可以使用 autoCompile 参数：

```
--build "autoCompile=true"
```

（4）也可以使用 --compile 命令单独编译 native 平台的原生工程。--compile 命令的参数和 --build 命令的参数一致：

```
--compile "platform=android;debug=true"
```

注意：Web 平台不需要使用编译命令，--compile 命令是 native 平台使用的。

10.2　构建参数

常用构建参数如下。

● --path：指定项目路径。

● --build：指定构建项目使用的参数。

● --compile：指定编译项目使用的参数。

● --force：跳过版本升级检测，不弹出升级提示框。

如果在 --build 或者 --compile 后没有指定参数，则会使用 Creator 中【构建】面板当前的平台、模板等设置来作为默认参数。如果指定了其他参数设置，则会使用指定的参数来覆盖默认参数。可选择的参数如下。

● excludedModules：engine 中需要排除的模块，模块可以从这里查找到。

● title：项目名。

● platform：构建的平台（web-mobile、web-desktop、android、win32、ios、mac、wechatgame、wechatgame-subcontext、baidugame、baidugame-subcontext、xiaomi、alipay、qgame、quickgame、huawei、jkw-game、fb-instant-games、android-instant 等）。

● buildPath：构建目录。

● startScene：主场景的 uuid 值（参与构建的场景将使用上一次的编辑器中的构建设置）。

● debug：是否为 debug 模式。

● previewWidth：web desktop 窗口宽度。

● previewHeight：web desktop 窗口高度。

● sourceMaps：是否需要加入 source maps。

● webOrientation：web mobile 平台（不含微信小游戏）下的旋转选项（landscape、portrait、auto 等）。

● inlineSpriteFrames：是否内联所有 SpriteFrame。

● mergeStartScene：是否合并初始场景依赖的所有 JSON。

● optimizeHotUpdate：是否将图集中的全部 SpriteFrame 合并到同一个包中。

● packageName：包名。

● useDebugKeystore：是否使用 debug keystore。

● keystorePath：keystore 路径。

● keystorePassword：keystore 密码。

● keystoreAlias：keystore 别名。

● keystoreAliasPassword：keystore 别名密码。

● orientation：native 平台（不含微信小游戏）下的旋转选项（portrait、upsideDown、landscapeLeft、landscapeRight 等）。因为这是一个 object，所以定义会特殊一些，如：

```
orientation={'landscapeLeft': true}
```
或
```
orientation={'landscapeLeft': true, 'portrait': true}
```

● template：native 平台下的模板选项（default、link）。

● apiLevel：设置编译 Android 使用的 API 版本。

● appABIs：设置 Android 需要支持的 CPU 类型，可以选择一个或多个选项（armeabi-v7a、arm64-v8a、x86）。因为这是一个数组类型，数据类型需要像这样定义，注意选项要用引号括起来：

appABIs=['armeabi-v7a','x86']。

● embedWebDebugger：是否在 Web 平台下插入 vConsole 调试插件（Creator v1.9 版本之前是 includeEruda，使用的是 Eruda 调试插件）。

● md5Cache：是否开启 md5 缓存。

- encryptJs：是否在发布 native 平台时加密 JS 文件。
- xxteaKey：加密 JS 文件时使用的密钥。
- zipCompressJs：加密 JS 文件后是否进一步压缩 JS 文件。
- autoCompile：是否在构建完成后自动进行编译项目，默认为否。
- configPath：参数文件路径。如果定义了这个字段，那么构建时将会按照 JSON 文件格式来加载这个数据，并作为构建参数。

目前支持使用命令行发布的参数不多，如果没传参数的话，将会使用上一次构建的配置。建议在某台电脑上手动打包后，将设置好的构建配置文件（在 settings 目录中）上传到代码仓库，然后在打包机上拉取这些配置。

10.3　命令列举

10.3.1　构建

当游戏制作完成之后，下面通过命令行演示如何构建目标系统平台的工程，分别演示 MAC 系统和 Windows 系统下命令行的使用方法。

1. MAC 平台

```
/Applications/CocosCreator.app/Contents/MacOS/CocosCreator --path /
home/xxx/updateGame  --build "platform=android;debug=false;autoCompile=fal
se;buildPath=build;useDebugKeystore=false;inlineSpriteFrames=false;appABIs
=['armeabi-v7a','x86'];"
```

2. Windows 平台

```
E:\CocosCreator\CocosCreator.exe --path F:\updateGame  --build "platfo
rm=android;debug=false;autoCompile=false;buildPath=build;useDebugKeystore=
false;inlineSpriteFrames=false;appABIs=['armeabi-v7a','x86'];"
```

3. 参数解读：

--build：只构建不编译。

platform=android：目标平台为 Android。

debug=false：关闭调试模式。

autoCompile=false：构建之后不自动编译（因为这里只构建热更新资源，不需要编译）。

buildPath=build：构建路径在当前工程的 build 目录。

useDebugKeystore=false：不使用 Debug 版本的 Keystore。

inlineSpriteFrames=false：不开启内联所有 SpriteFrame 功能。

appABIs=['armeabi-v7a','x86']：android 需要支持的 CPU 类型为 'armeabi-v7a', 'x86' 两种。

其余的参数使用工程中 settings\builder.json 文件指定的默认配置。

10.3.2 编译

工程配置好之后，可以通过命令行的方式一次性地编译打包出需要的程序包，如下面分别演示 MAC 系统和 Windows 系统下命令行的使用方法。

1. MAC 平台

```
/Applications/CocosCreator.app/Contents/MacOS/CocosCreator --path /
home/xxx/updateGame --compile "debug=false;platform=android;"
```

2. Windows 平台

```
E:\CocosCreator\CocosCreator.exe --path F:\updateGame --compile
"debug=false;platform=android;"
```

3. 参数解读：

--compile：只编译不构建。

platform=android：平台为安卓平台。

debug=false：关闭调试模式。

其余的参数使用工程中 settings\builder.json 文件指定的默认配置。

10.4 在 Jenkins 上部署

10.4.1 简介

Jenkins 是个独立的开源软件项目，它是基于 Java 开发的一种持续集成工具，可用于实现各种任务的自动化，如构建、测试和部署等。

在项目的日常开发中，编译构建是频繁要做的事情，如果开发的是 H5 游戏，还需要把构建后的版本上传到 Web 服务器，这都会占用或中断程序员不少宝贵的编码时间。而借助 Jenkins 的自动化管理，任何人通过浏览器就可以一键完成以上工作，这样程序员只要专注于编码就可以了。

Jenkins 的特点有以下几个。

● 开源免费。

● 跨平台 (支持所有的平台)。

● master/slave 支持分布式的 build。

● web 形式的可视化管理页面。

● 安装配置简单。

● 功能强大 (已有 1200 多个插件)。

10.4.2 安装 Jenkins

首先需要一台机器作为构建机，在它上面安装 Jenkins。Jenkins 基于 Java 开发，跨平台支持非常好，几乎所有平台都能运行 Jenkins。对于 Cocos Creator 项目来说，只能选择 Windows 或 Mac 机器，本节主要以 Windows 10 系统为例。

（1）到 Jenkins 官网 (https://jenkins.io/zh/) 下载 msi 格式的 Windows 安装包，当前最新版本是 2.204.2，正常安装。

（2）安装完成后，打开浏览器，输入地址"http://localhost:8080"，按页面提示从本地复制密码并输入，如图 10-1 所示。

图 10-1

（3）安装推荐的默认插件，如图 10-2 所示。

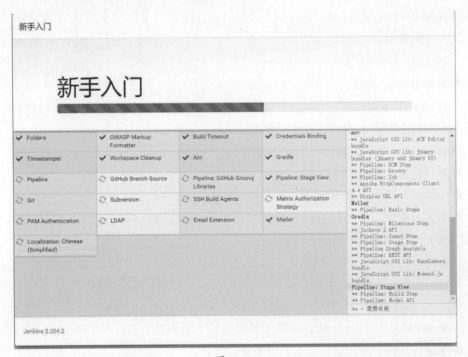

图 10-2

（4）创建第一个管理员用户。这里是指 Jenkins 系统的管理员，因为 Jenkins 是个分布式平台，支持任意多个用户并行操作，不同用户有不同权限，所以在 Jenkins 第一次安装后需要立即创建一个管理员。

（5）如果看到如图 10-3 所示界面，代表 Jenkins 已经安装成功。

图 10-3

10.4.3　第一个 Jenkins 任务

接下来在 Jenkins 中部署 Cocos Creator 的自动化构建与编译任务，以实现真正的自动化。步骤如下。

（1）创建或打开 Creator 项目。

首先用 Creator 新建或打开一个已知的项目，并通过【构建】面板试着构建一遍，确认工程本身没有问题。

（2）创建 Jenkins 任务。

登录 Jenkins，新建一个名称为 updateGame 的任务，任务类型选择"自由风格的软件项目 (Freestyle project)"，单击【确定】按钮，就创建好了一个任务。在该任务视图中单击左侧的【配置】按钮，按如下配置。

● General：可以不填，全部留空即可。

● 源码管理：选择"无"。

● 构建触发器：全部不填。

● 构建：增加一个 "Windows 批处理命令 (Execute Windows batch command)"，输入命令如下。

```
E:\CocosCreator_2.2.2\CocosCreator.exe --path F:\updateGame --compile
"debug=false;platform=android;"
```

注：此处 Creator 工程路径是 F:\updateGame，CocosCreator 安装目录是：E:\CocosCreator\CocosCreator.exe，读者可根据情况自行调整。

● 构建后操作：留空即可，如图 10-4 所示。

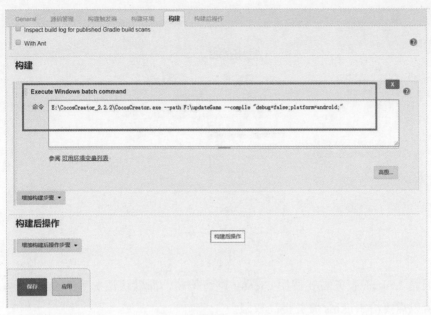

图 10-4

10.4.4 开始编译

保存上述配置后，回到任务视图，单击左侧的 Build Now 按钮，开始执行任务，也就是开始调用 Creator 进行工程的编译，如图 10-5 所示。

图 10-5

如果是第一次使用 Jenkins 构建 Creator 项目，通常会失败，在进行到如图 10-6 所示这一步会停止。

图 10-6

原因是 Jenkins 服务需要调用 Creator 进行构建，而默认情况下 Jenkins 服务的权限不够，所以需要给 Jenkins 服务提高权限。

打开 Windows 10 的【服务】面板（【控制面板】→【管理工具】→【服务】）命令，找到 Jenkins 服务，为 Jenkins 的服务指定一个本地用户（最好设置密码，密码和此账户的登录密码相同即可），如图 10-7 所示，然后重启电脑就可以了。此时不必单独设置 master-slave 模式。

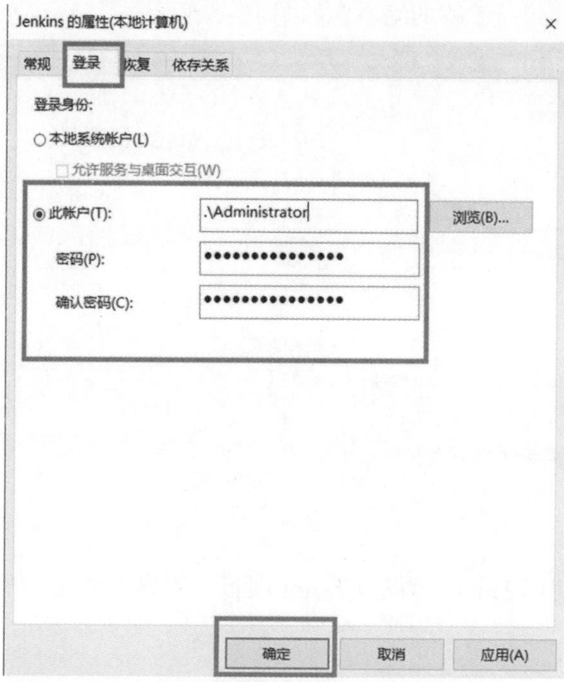

图 10-7

再次执行构建操作，应该可以顺利完成了。如果 Jenkins 成功执行了任务，将会在最后一行输出如下信息：

```
Finished: SUCCESS
```

这样，通过 Jenkins 的开放式 Web 页面，任何人（例如：研发团队里的策划、美工）都可以一键完成 Creator 项目的构建和发布，程序员就可以安心地写代码了。

10.5　本章小结

本章介绍了如何使用命令行构建和编译工程，并配合 Jenkins 工具解放程序员。

通过命令行发布项目可以帮助用户构建自己的自动化构建流程，可以通过修改命令行的参数来达到不同的构建需求。

第 11 章　性 能 优 化

对于游戏开发人员来说，性能优化是一个永远绕不过的话题，极致的性能是程序设计者终极的追求。本章将介绍常见的 3 个优化指标，以及优化的常见技巧，还会介绍 Cocos Creator 中 2.x 的渲染流优势。

11.1　优化指标

11.1.1　Draw call

Draw call 是衡量游戏性能的一个重要指标，是 CPU 对底层图形绘制接口的调用，控制 GPU 执行渲染操作。渲染流程采用流水线实现，CPU 和 GPU 并行工作，它们之间通过命令缓冲区连接，CPU 向其中发送渲染命令，GPU 接收并执行对应的渲染命令。Draw call 影响绘制的原因主要是每次绘制时，CPU 都需要调用 Draw call，而每个 Draw call 都需要很多准备工作，如检测渲染状态、提交渲染数据、提交渲染状态。而 GPU 本身具有很强大的计算能力，可以很快就处理完渲染任务。当 Draw call 过多，CPU 就会有很多额外开销用于准备工作，CPU 本身负载很大，而这时 GPU 可能闲置了。

降低 Draw call 是提升游戏渲染效率的非常直接有效的办法，而两个 Draw call 是否可以合并为一个 Draw call 的一个重要因素就是这两个 Draw call 是否使用了同一张贴图。

11.1.2　运行内存

游戏运行过程中大量消耗内存，可能导致游戏"闪退"，或者导致程序运行后期卡顿等现象出现，那么就应该优化游戏内存了。

1. 静态资源的内存管理

静态资源指的是场景中直接或间接引用到的所有资源（脚本动态加载的资源不算在内）。

在场景资源的【属性编辑器】中勾选【自动释放资源】选项后，在切换场景时，会自动将旧场景使用的静态资源释放掉，从而节省内存的占用。

2. 动态资源的内存管理

动态资源统一使用 cc.loader 进行资源的加载以及管理。命令如下：

```
cc.loader.load
```

```
cc.loader.loadRes
cc.loader.loadResArray
cc.loader.loadResDir
```

要注意的一点是，Cocos Creator 中通过 cc.loader 去加载资源的系列方法，都是异步的。所以在回调中，需要确认加载完成后才能使用资源。

动态资源的释放同样是通过 cc.loader 去管理的。

有两种释放资源的管理方式。

（1）自动释放资源。可以通过如下命令释放资源。

```
cc.loader.setAutoRelease
cc.loader.setAutoReleaseRecursively
```

（2）手动释放资源。cc.loader 提供了以下的 API，它们可以释放通过 cc.loader 加载进来的资源内存：

```
cc.loader.release
cc.loader.releaseRes
cc.loader.releaseAsset
cc.loader.releaseAll
```

这里常用的是 cc.loader.release，不推荐使用 cc.loader.releaseAll。因为 cc.loader.releaseAll 会将所有通过 cc.loader 加载进来的动态资源全部释放，而在我们正常的项目开发过程中，很少有场景没有使用到动态资源，所以这种释放通常会带来程序的崩溃，因此使用上不推荐，最好不要使用。

cc.loader.release 在释放资源时注意配合 cc.loader.getDependsRecursively 使用。例如在释放一个 prefab 资源时，如果只是执行以下命令：

```
cc.loader.release(this.prefab);
```

这样只会释放这个 prefab 所使用的 json 文件，而 prefab 所引用的 spriteFrame 以及其他一些资源并不会释放，这样就有可能造成内存垃圾长时间占用内存。

但是配合 getDependsRecursively 就可以正确地销毁掉 prefab，命令如下：

```
// 获得 prefab 所引用的所有资源
var deps = CC.loader.getDependsRecursively(this.prefab);
CC.loader.release(deps);
```

注意：不需要动态加载的图片资源不要放到 resources 目录，放到此目录的资源在构建导出的时候，会生成资源映射关系到 Settings.js 中，导致该 Settings.js 文件变大。

11.1.3 包体大小

如果游戏包体很小，就有天然的优势，特别是在运营推广游戏的时候，会提高用户的下载率。

下面给出一些优化建议。

（1）去掉不用的资源，去掉不用的代码模块。

（2）压缩 png 图片，在清晰度可接受的范围内让图片的体积更小。

（3）压缩声音数据，多声道变单声道，降低采样率。

（4）在需求允许下降低图片的部分精度，比如，1920×1080 的图片改为 960×540。

（5）特殊的字体不直接带字体文件，而是使用美术字来替代。尽可能不要带字体文件。

（6）使用 release 模式构建，这种方式构建出来的 json 资源会压缩，Settings.js 也会优化。

11.2　常用优化技巧

11.2.1　Canvas 分辨率

提前和美工商定好分辨率，使用美工制作资源时的分辨率设置 Canvas，以保证一致性。

11.2.2　资源结构规划

将每个界面独有的图片放在一个文件夹中，使用 TexturePacker 等软件单独打成一个图集，界面间的共用资源 (如背景、关闭按钮等图片) 可放入 common 文件夹中打成一个图集。

11.2.3　图集压缩

使用 TinyPng 等软件可以高效地压缩图集存储空间，如果单张图片的颜色数低于 255 种，如按钮图片，就可以无损压缩图片，保证图片的质量。

11.2.4　引擎裁切

没使用到的引擎功能可以不勾选，以减小发布包中引擎的大小。

打开方法：选择【项目】→【项目设置】→【模块设置】命令，打开【模块设置】面板，如图 11-1 所示。

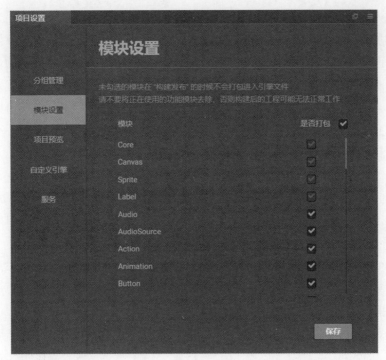

图 11-1

11.2.5　代码优化

（1）避免在运行时才生成数据，比如地图数据，路点数据。数据能离线生成的最好先离线生成。

（2）在 update 中避免使用节点查找。可以考虑在初始化的时候，用变量把常用的节点、组件保存起来。

（3）每个函数尽可能保持足够的简单，功能单一。

（4）能自己编码实现的，尽量少用大型的框架库。

（5）复杂的算法，可以考虑预先计算好，用空间换时间。

（6）代码命名要规范，结构要清晰。

11.2.6　延迟加载

延迟加载是什么？举个简单的例子，进入网页游戏之后，有些图片非常模糊，有的人物可能就是黑影身上加个问号，但是这完全不影响游戏逻辑，游戏可以正常进行，并且随着时间的推移，图片慢慢变得清晰，人物也都慢慢显示出来。这就是在延迟加载，它不会影响到游戏的运行，但是显示上可能和正常的游戏不一样。

Creator 的 H5 版本，一些预制体如果不进行延迟加载，则会卡住游戏。再举个简单的例子，假如游戏里有很多特效绑定在一个预制体上，这个预制体上的图片一部分必须在进入游戏之前加载，而另一部分可以在进入游戏之后再加载。如果这个预制体没有选择延迟加载，那么在调用这个预制体的时候，系统会去检测这个预制体上用到的图片是否已经全部加载，如果没有，系统就会卡住等待。如果选择了延迟加载，系统就不会卡住，而是把已经加载的图片显示出来，未显示的图片会在加载完成之后自动显示出来。延迟加载策略可用于游戏主场景的预制体，主场景中必要的资源在进入游戏之前加载，特效资源进入游戏后加载，这样既可保证玩家不会在游戏环节中卡住，又可以保证加载速度快。因此这种加载方式更适合网页游戏。

使用这种加载方式后，为了能在场景中更快地显示需要的资源，建议一开始就让场景中暂时不需要显示的渲染组件（如 Sprite）保持非激活状态。

注：Spine 和 TiledMap 依赖的资源永远都不会被延迟加载。

11.2.7　对象池

在运行时进行节点的创建 (cc.instantiate) 和销毁 (node.destroy) 操作是非常耗费性能的，因此在复杂场景中，通常只在场景初始化逻辑（onLoad）中才会进行节点的创建，在切换场景时才会进行节点的销毁。如果制作有大量敌人或子弹需要反复生成和被消灭的动作类游戏，应如何在游戏进行过程中随时创建和销毁节点呢？这里就需要对象池的帮助了。

1. 对象池的概念

对象池就是一组可回收的节点对象，通过创建 cc.NodePool 的实例来初始化一组节点的对象池。通常当我们有多个 Prefab 需要实例化时，应该为每个 Prefab 创建一个 cc.NodePool 实例。当我们需要创建节点时，向对象池申请一个节点，如果对象池里有空闲的可用节点，就会把节点返回给用户，用户通过 node.addChild 将这个新节点加入到场景节点树中。

当我们需要销毁节点时，调用对象池实例的 put(node) 方法，传入需要销毁的节点实例，对象池会自动把节点从场景节点树中移除，然后返回给对象池。这样就实现了少数节点的循环利用。假如玩家在一关中要杀死 100 个敌人，但同时出现的敌人不超过 5 个，那我们就只需要生成 5 个节点大小的对象池，然后循环使用就可以了。

2. 对象池流程介绍

下面是使用对象池的一般工作流程。

（1）准备好 Prefab。

把想要创建的节点事先设置好并做成 Prefab 资源，方法请查看预制资源工作流程。

（2）初始化对象池。

在场景加载的初始化脚本中，可以将需要的所有节点创建出来，并放进对象池：

```
properties: {
    enemyPrefab: cc.Prefab
},
onLoad: function () {
```

```
this.enemyPool = new cc.NodePool();
let initCount = 5;
for (let i = 0; i < initCount; ++i) {
    let enemy = cc.instantiate(this.enemyPréfab); // 创建节点
    this.enemyPool.put(enemy);                    // 通过 put 接口放入对象池
}
}
```

对象池里的初始节点数量可以根据游戏的需要来控制，即使我们对初始节点数量的预估不准确也不要紧，后面我们会进行处理。

（3）从对象池请求对象。

接下来在运行时代码中就可以用下面的方式来获得对象池中储存的对象了：

```
createEnemy: function (parentNode) {
    let enemy = null;
    if (this.enemyPool.size() > 0) {// 通过 size 接口判断对象池中是否有空闲的对象
        enemy = this.enemyPool.get();
} else {
 // 如果没有空闲对象，对象池中备用对象不够时，就用 cc.instantiate 重新创建
        enemy = cc.instantiate(this.enemyPrefab);
    }
        enemy.parent = parentNode;          // 将生成的敌人加入节点树
        enemy.getComponent('Enemy').init();// 可以调用 enemy 身上的脚本进行
        初始化
}
```

安全使用对象池的要点就是在 get 获取对象之前，永远都要先用 size 来判断是否有可用的对象，如果没有，就调用正常创建节点的方法。虽然这会消耗一些运行时的性能，但总比游戏崩溃要好。另一个选择是直接调用 get，如果对象池里没有可用的节点，会返回 null，在这一步进行判断也可以。

（4）将对象返回对象池。

当我们杀死敌人时，需要将敌人节点退还给对象池，以备之后继续循环利用。方法如下：

```
onEnemyKilled: function (enemy) {
    // enemy 应该是一个 cc.Node
this.enemyPool.put(enemy);
// 将节点放进对象池，这个方法会同时调用节点的 removeFromParent
}
```

这样就完成了一个完整的循环，主角需要杀多少怪都不成问题了，将节点放入和从对象池取出的操作不会带来额外的内存管理开销，因此只要有可能，应该尽量去利用。

（5）使用组件来处理回收和复用的事件。

使用构造函数创建对象池时，可以指定一个组件类型或名称作为挂载在节点上用于

处理节点回收和复用事件的组件。假如我们有一组可单击的菜单项需要做成对象池，每个菜单项上有一个 MenuItem.js 组件：

```
// MenuItem.js
cc.Class({
    extends: cc.Component,

    onLoad: function () {
        this.node.selected = false;
        this.node.on(cc.Node.EventType.TOUCH_END, this.onSelect, this.
node);
    },

    unuse: function () {
        this.node.off(cc.Node.EventType.TOUCH_END, this.onSelect, this.
node);
    },

    reuse: function () {
        this.node.on(cc.Node.EventType.TOUCH_END, this.onSelect, this.
node);
    }
});
```

在创建对象池时可以用：

```
let menuItemPool = new cc.NodePool('MenuItem');
```

这样当使用 menuItemPool.get() 获取节点后，就会调用 MenuItem 里的 reuse 方法，完成单击事件的注册。当使用 menuItemPool.put(menuItemNode) 回收节点后，会调用 MenuItem 里的 unuse 方法，完成单击事件的反注册。

另外，cc.NodePool.get() 可以传入任意数量类型的参数，这些参数会被原样传递给 reuse 方法：

```
// BulletManager.js
let myBulletPool = new cc.NodePool('Bullet'); // 创建子弹对象池
...
let newBullet = myBulletPool.get(this);
// 传入 manager 的实例，用于之后在子弹脚本中回收子弹
// Bullet.js
reuse (bulletManager) {
    this.bulletManager = bulletManager; // get 中传入的管理类实例
}

hit () {
```

```
// ...
    this.bulletManager.put(this.node); // 通过之前传入的管理类实例回收子弹
}
```

（6）清除对象池。

如果不再需要对象池中的节点，可以手动清空对象池，销毁其中缓存的所有节点：

```
myPool.clear(); // 调用这个方法就可以清空对象池
```

当对象池实例不再被任何地方引用时，引擎的垃圾回收系统会自动对对象池中的节点进行销毁和回收。但这个过程的时间点不可控，如果其中的节点被其他地方引用，也可能会导致内存泄漏，所以最好在切换场景或其他不再需要对象池的时候手动调用 clear 方法来清空缓存节点。

频繁创建和销毁或者重复使用对象池，会导致滑动卡顿现象的发生，解决方案是滑动过程中动态设置元素，实现元素资源重复使用。

11.2.8　其他优化方面

（1）初始场景设计：初始场景尽量设计得轻量化，减少进入游戏和场景切换时的等待时间。在游戏运行过程中按需动态加载 Prefab。

（2）配置表格式选取：序列化配置表可选用 json 等紧凑格式，方便策划使用 Excel 配置、修改和转换。

（3）粒子特效：粒子特效比较耗性能，减少使用，或者减小 Total Particles 参数。

（4）系统字体：系统字体无法合批且特别耗性能，尽量使用自定义打包的图集字体。

（5）富文本与 Mask：富文本与 Mask 占用 Draw call 比较多，所以减少 Mask 组件的使用。

（6）游戏中频繁更新的文字、推荐使用 BMFont，因为系统字体会比较消耗性能。

（7）如果使用物理引擎，可以把物理引擎的 step 间隔调大。

（8）优化节点树，减少节点数量。

（9）场景中不要挂载过多的 Prefab，可适当将一些 Prefab 变成动态加载。

11.3　Cocos Creator 2.x 渲染流

渲染流（RenderFlow）是 v2.0 新加的流程，它的作用是剔除无用的渲染分支，只进入预先创建好的渲染分支，这样可以有效减少非常多的动态判断，更好地提高游戏性能，所以推荐使用 2.x 进行游戏开发，使用官方为我们提供的天然优势来提高游戏性能。

11.3.1 v1.x 渲染流程

在 v1.x 中，每次渲染都会进行很多动态判断，如首先要遍历所有子节点，在遍历到的子节点中去判断是否需要更新矩阵，是否需要进行渲染，如图 11-2 所示。如果状态过多，就会额外进行很多无用的分支判断。例如使用一个空节点作为父节点是不需要进行渲染的，但是在渲染的过程中做出这个判断，就多消耗了一些性能。

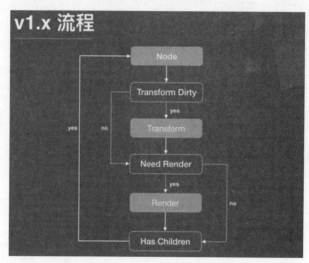

图 11-2

11.3.2 v2.x 渲染流程

在 v2.x 中，RenderFlow 会根据渲染过程中调用的频繁度划分出多个渲染状态，比如 Transform，Render，Children 等，而每个渲染状态都对应了一个函数。在 RenderFlow 的初始化过程中，会预先根据这些状态创建好对应的渲染分支，这些分支会把对应的状态依次链接在一起，如图 11-3 所示。

例如一个节点在当前帧需要更新矩阵，以及需要渲染自己，那么这个节点会更新它的 flag 为：

```
node._renderFlag = RenderFlow.FLAG_TRANSFORM | RenderFlow.FLAG_RENDER
```

RenderFlow 在渲染这个节点的时候就会根据节点的 node._renderFlag 状态进入到 transform → render 分支，而不需要再进行多余的状态判断。

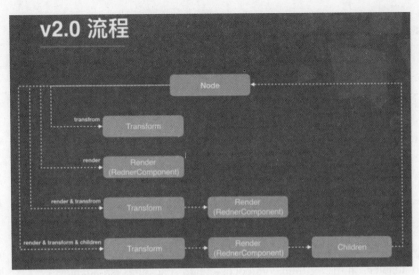

图 11-3

11.4　本章小结

本章介绍了几个性能优化的指标如 Draw call、运行内存、包体大小等，然后分别介绍了常见的优化技巧，如图片压缩、引擎裁切、代码优化、对象池等以及其他方面的优化策略，最后介绍了 Cocos Creator 2.x 中特有的渲染流。

查看性能指标可以通过左下角的 FPS 等参数，其中包括了 Frame time、Framerate(FPS)、Draw call、Game Logic、Render、WebGL 等，读者可以根据这些参数进行优化和调试。

更精确的优化可以通过 Mac 平台中 XCode 提供的 Instruments 等工具进行调试。

总之，极致的性能是程序设计者毕生的追求。

第 12 章 引擎定制

Cocos Creator 的引擎包括 JavaScript、Cocos2d-x-lite 和 Adapter 三个部分，全部都在 GitHub 上开源，地址如下。

- JavaScript 引擎：https://github.com/cocos-creator/engine。
- Cocos2d-x-lite 引擎：https://github.com/cocos-creator/cocos2d-x-lite。
- Adapter 地址分别为：

  jsb-adapter：https://github.com/cocos-creator-packages/jsb-adapter。

  Mini-game-adapters：https://github.com/cocos-creator-packages/adapters/。

通过 GitHub 的 fork 工作流程来维护我们定制的代码，在将来引擎升级时，方便地将定制的部分更新上去。

另外，根据不同的 Creator 版本，还需要切换不同的引擎分支。

- master/develop 分支：当前最新版本所用分支。
- vX.Y-release 分支：对应 X.Y 版本所用分支。
- vX.Y 分支：和 vX.Y-release 分支相同，主要用于范例工程。
- next 分支：大型重构所用分支，如果是文档和 API 仓库，则用于 2.0 分支。

建议使用与所用 Creator 相同版本的 vX.Y-release 分支，如果找不到的话，则使用 master 分支。

12.1　定制 JavaScript 引擎

如果只需要定制 Web 版游戏的引擎功能，或只需要修改纯 JavaScript 层逻辑（如 UI 系统，动画系统），那么只要按照下面的流程修改 JS 引擎就可以了。

12.1.1　获取 JS 引擎

如果仅需基于当前的版本做一些调整，那么在 Cocos Creator 内置的引擎基础上修改就可以了。单击 Creator 编辑器右上方的【编辑器】按钮，然后将内置的 engine 目录拷贝到本地其他路径，如图 12-1 所示。

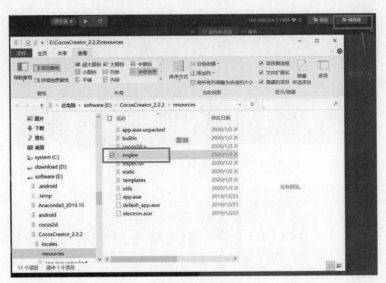

图 12-1

　　想获得官方正在开发中的最新版本，首先需要从 GitHub 上复刻或者克隆 JavaScript
引擎的原始版本，如图 12-2 所示。JavaScript 引擎在使用前需根据 Creator 版本切换相
对应的分支。下载完成后存放到本地任意路径。

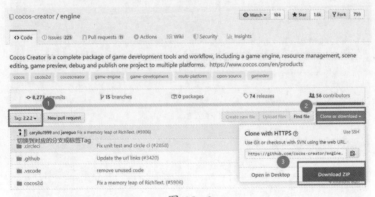

图 12-2

12.1.2　安装编译依赖

安装编译依赖的命令如下。

```
# 在命令行中进入引擎路径
cd  F:\myebookcreate\001Creator\work2\engine-2.2.2
# 安装 gulp 构建工具
npm install -g gulp
# 安装依赖的模块
npm install
```

安装界面如图 12-3 所示。

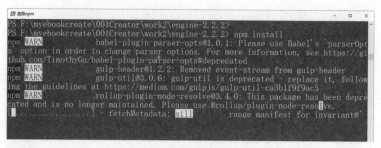

图 12-3

12.1.3 进行修改然后编译

接下来就可以修改定制引擎了，修改之后请在命令行中继续执行命令，如图 12-4 所示：

```
gulp build
```

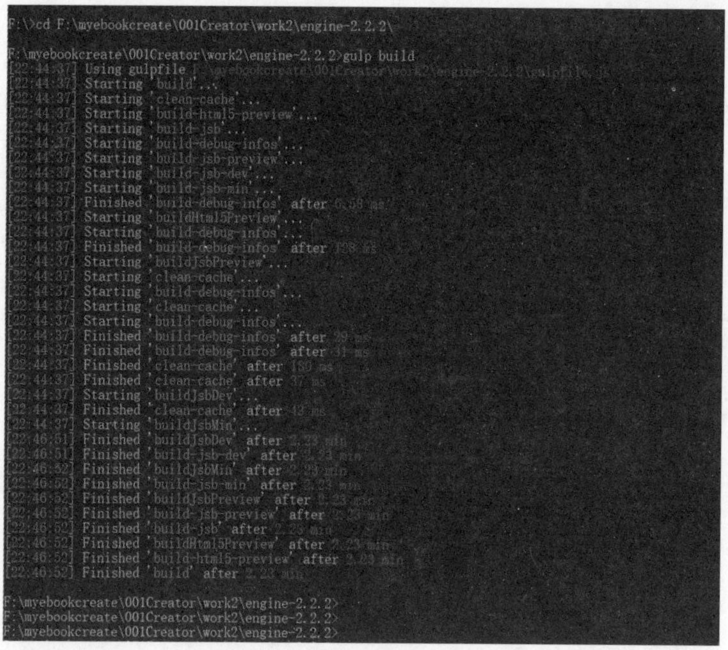

图 12-4

该命令会在引擎目录下生成一个 bin 文件夹，并将引擎源码编译到 bin 目录下，如图 12-5 所示。

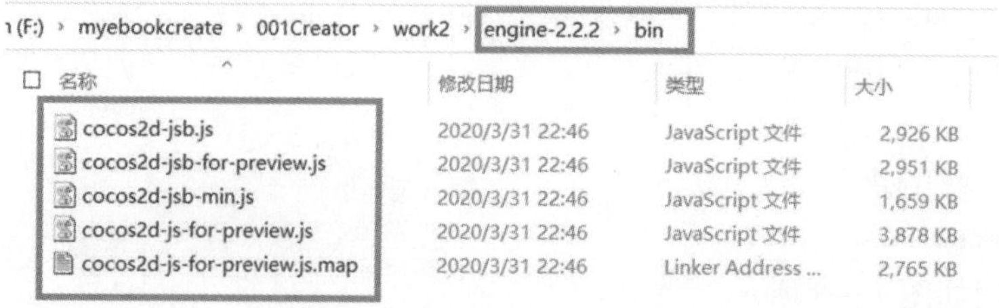

图 12-5

注意：如果在编译过程中出现 JavaScript heap out of memory 的报错，可执行以下命令解决：

```
gulp build --max-old-space-size=8192
```

12.1.4　在 Cocos Creator 中使用定制版引擎

通过【设置】面板的【原生开发环境】选项卡，可以设置本地定制后的 JavaScript 引擎路径（注意不是 bin 目录，而是 bin 目录的父目录），如图 12-6 所示。

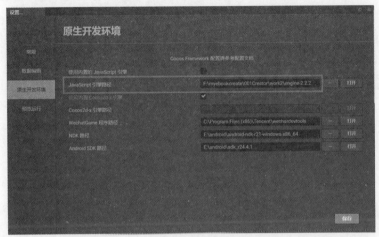

图 12-6

设置之后，重新启动一次 Cocos Creator，就可以使用我们自己定制的 JS 引擎了。

12.2　定制 Cocos2d-x-lite 引擎

如果需要定制和原生平台相关的引擎功能，在修改 JS 引擎的基础上，可能还需要同步修改 Cocos2d-x 引擎。

12.2.1　获取 Cocos2d-x-lite 引擎

如果仅需要基于当前的版本做一些调整，那么在 Cocos Creator 内置的 Cocos2d-x-lite 引擎基础上进行修改就可以了。操作步骤和获取 JS 引擎一致：单击 Creator 编辑器右上方的【编辑器】按钮，然后将内置的 cocos2d-x 目录拷贝到本地其他路径。

如果想取得官方正在开发中的最新版本，需要从指定的 GitHub 仓库下载或者克隆。和 JS 引擎类似，Cocos2d-x-lite 引擎在使用前也要确认当前所在分支。

12.2.2　初始化

下载或者克隆好 Cocos2d-x-lite 引擎仓库后，在命令行进入引擎路径，然后执行如下命令：

```
# 在命令行进入 Cocos2d-x-lite 引擎路径
```

```
cd F:\myebookcreate\001Creator\work2\cocos2d-x-lite-2.2.2
# 安装编译依赖
npm install
# 安装 gulp 构建工具
npm install -g gulp
# 初始化仓库
gulp init
```

（1）如果遇到类似下方这样的报错，请手动下载该 zip 文件。出错原因是 Python 自带的一个库版本太低，但是不太好升级，比较简单的方法是下载该 zip 文件，手动放到 Cocos2d-x-lite 引擎仓库下并重命名为 v3-deps-54.zip（不需要解压该 zip 文件），再重新运行 gulp init：

```
> ==> Ready to download 'v3-deps-54.zip' from
> 'https://github.com/cocos-creator/cocos2d-x-lite-external/archive/
v3-deps-54.zip'
> Traceback (most recent call last):
> ...
> URLError: <urlopen error [SSL: TLSV1_ALERT_PROTOCOL_VERSION] tlsv1
alert protocol version (_ssl.c:590)>
```

（2）若遇到类似下方这样的报错，请手动下载该 zip 文件，放到 Cocos2d-x-lite 引擎仓库 tools/cocos2d-console 目录下并重命名为 creator-console-2.zip（不需要解压该 zip 文件），再重新运行 gulp init：

```
> ==> Ready to download 'creator-console-2.zip' from
 > 'https://github.com/cocos2d/console-binary/archive/creator-
console-2.zip'
> Traceback (most recent call last):
> ...
> URLError: <urlopen error [SSL: TLSV1_ALERT_PROTOCOL_VERSION] tlsv1
alert protocol version (_ssl.c:590)>
```

（3）若遇到类似下方这样的报错，通常是因为该 Cocos2d-x-lite 引擎仓库是直接从 GitHub 下载而不是克隆下来的。可以执行 git init，然后重新运行 gulp init 即可：

```
fatal: not a git repository (or any of the parent directories): .git
```

12.2.3　在 Cocos Creator 中配置定制版引擎

通过【设置】面板的【原生开发环境】选项卡，可设置本地定制后的 Cocos2d-x-lite 引擎路径，如图 12-7 所示。

图 12-7

12.2.4　修改引擎

接下来可以对 Cocos2d-x-lite 引擎进行修改了，由于只有在构建发布过程中才会编译代码，所以修改引擎后可以直接打开【构建发布】面板，选择 default 或者 link 模板进行构建和编译。

12.2.5　编译模拟器

要在模拟器中预览我们的引擎，需要执行以下命令来重新编译模拟器：

```
# 通过 cocos console 生成模拟器
gulp gen-simulator
gulp update-simulator-config
```

注意：如果需要在 Mac 上通过 Safari 来调试模拟器中的 JavaScript 代码，则需要在生成自定义模拟器之前先在 Xcode 中设置一个签名。

12.3　定制 Adapter

Cocos Creator 为了实现跨平台，在 JavaScript 层需要对不同平台做一些适配工作。这些工作包括：

- 为不同平台适配 BOM 和 DOM 等运行环境。
- 一些引擎层面的适配。

目前适配层包括两个部分：

- jsb-adapter 适配原生平台。
- mini-game-adapters 适配各类小游戏。

12.3.1　获取 Adapter

如果仅需要基于当前的版本做一些调整，那么在 Cocos Creator 内置的相对应平台的 adapter 引擎上修改就可以了。操作步骤和获取 JS 引擎一致：单击 Creator 编辑器右上方的【编辑器】按钮，在该目录下的 resources/builtin 内就可以找到 jsb-adapter 和 adapters 目录。

如果想取得官方正在开发中的最新版本，需要从指定的 GitHub 仓库下载，然后替换到程序安装路径的 resources/builtin 目录下。和 JS 引擎类似，Adapter 在使用前也要确认当前所在分支。

12.3.2　定制 jsb-adapter

在 jsb-adapter 目录中，主要包括以下两个目录结构。

● builtin：适配原生平台的 Nuntime。

● engine：适配引擎层面的一些 API。

builtin 部分除了适配 BOM 和 DOM 运行环境，还包括了一些相关的 jsb 接口，如 openGL，audioEngine 等。

jsb-adapter 的定制流程在不同的 Creator 版本中都做了一些调整和优化。请根据当前使用的 Creator 版本，参考以下不同的定制指南。

1.Creator v2.0.5 之前的定制流程

engine 部分的定制只要对代码进行修改就可以了。

builtin 部分的定制需要先安装相关依赖，可执行以下命令：

```
# 在命令行窗口进入 jsb-adapter/builtin 路径
cd jsb-adapter/builtin
# 安装 gulp 构建工具
npm install -g gulp
# 安装依赖的模块
npm install
```

接下来就可以对 builtin 部分的代码进行定制修改了。修改完成之后在命令行中继续执行以下命令：

```
# jsb-adapter/builtin 目录下
gulp
```

命令执行完成后，会在 jsb-adapter/builtin/dist 目录下生成新的 jsb-builtin.js 文件。

定制完 jsb-adapter 之后，在编辑器的【构建】面板中构建原生项目时，编辑器会将 jsb-builtin.js 文件和 engine 目录一起复制到对应项目工程里的 jsb-adapter 文件夹中。

2.Creator v2.0.5 和 v2.0.6 的定制流程

定制前需要先安装相关依赖，执行以下命令：

```
# 在命令行进入 jsb-adapter 路径cd jsb-adapter/# 安装 gulp 构建工具
npm install -g gulp# 安装依赖的模块
```

```
npm install
```

接下来就可以对 jsb-adapter 的代码进行定制修改了，修改完成之后在命令行中继续执行以下命令：

```
# jsb-adapter 目录下
gulp
```

gulp 命令会将 bultin 部分的代码打包到 jsb-builtin.js 文件，并且将 engine 部分的代码从 ES6 转为 ES5。所有这些编译生成的文件会输出到 dist 目录下。

定制完 jsb-adapter 之后，在编辑器的【构建】面板中构建原生项目时，编辑器会将 dist 目录下的文件一起复制到对应项目工程里的 jsb-adapter 文件夹中。

3.Creator v2.0.7 之后的定制流程（包括 v2.0.7）

在 v2.0.7 之后，jsb-adapter 废弃了烦琐的手动编译的操作。先直接修改 builtin 和 engine 目录下的源码，修改完成后打开编辑器，编辑器会在启动时自动编译这部分源码。

12.3.3　定制小游戏 Adapter

小游戏的适配层代码位于 resources/builtin 目录下的 adapters 中。

● 这部分代码的定制，不需要任何编译操作。

● 引擎层面的适配工作，可以在相应的 engine 目录下完成。

12.3.4　JSB 绑定流程

如果需要修改 Cocos2d-x-lite 引擎提供的 JavaScript 接口，应该完成 JSB 绑定，具体请参考第 13 章内容。

12.4　本章小结

本章介绍了差异化定制引擎，能实现自己一些特有的功能，包括 JavaScript 引擎的定制，Cocos2d-x-lite 定制流程，Adapter 定制流程。通常来说，大部分的游戏都可以使用官方提供的版本来完成，除非自己有特殊的需求。

第 13 章　JSB 2.0 绑定

尽管引擎官方提供了 jsb.reflection.callStaticMethod 方式支持从 JS 端直接调用 Native 端（Android/iOS/Mac）的接口，但是经过实践发现此接口在频繁调用情况下性能比较低下，尤其是在 Android 端。比如调用 Native 端实现的打印 log 的接口，会引起一些 native crash，例如 local reference table overflow 等问题。纵观 Cocos 原生代码的实现，基本所有接口方法都是基于 JSB 的方式实现，帮助大家能快速实现 callStaticMethod 到 JSB 的改造。

用过 Cocos Creater 的人，对于 jsb.reflection.callStaticMethod 这个方法肯定不陌生，其提供了从 JS 端调用 Native 端的能力，例如要调用 Native 实现的 log 打印和持久化的接口，就可以很方便地在 JavaScrpit 中按照如下的操作调用：

```
if (cc.sys.isNative && cc.sys.os == cc.sys.OS_IOS) {
  msg = this.buffer_string + msg;
  jsb.reflection.callStaticMethod("ABCLogServuce", "log:module:level:",
msg, 'cclog', level);
    return;
} else if (cc.sys.isNative && cc.sys.os == cc.sys.OS_ANDROID) {
  msg = this.buffer_string + msg;
   jsb.reflection.callStaticMethod("com/example/test/CommonUtils",
"log", "(ILjava/lang/String;Ljava/lang/String;)V", level, 'cclog', msg);
    return;
}
```

尽管方法很简单，一行代码就能实现跨平台调用，但稍微看下其实现就可以知道，在 C++ 层 Android 端是通过 jni 的方式实现的，iOS 端是通过运行时的方式动态调用，而为了兼顾通用性和支持所有的方法，Android 端没有对 jni 相关对象做缓存机制，这会导致短时间大量调用时出现很严重的性能问题。之前我们遇到的比较多的情况就是在下载器中打印 log，某些应用场景短时间内触发大量的下载操作，就会出现 local reference table overflow 的崩溃，甚至在低端机上导致界面卡顿无法加载出来的问题。

修复此问题就需要针对 log 调用进行 JSB 的改造，同时还要加上 jni 的相关缓存机制，优化性能。JSB 绑定说白了就是 C++ 和脚本层之间进行对象的转换，并转发脚本层函数调用到 C++ 层的过程。

JSB 绑定通常有手动绑定和自动绑定两种方式。

手动绑定方式优点是灵活，可定制性强，缺点是全部代码要自己书写，尤其是在

JS 类型跟 C++ 类型转换上，稍有不慎容易导致内存泄漏，某些指针或者对象没有释放。

自动绑定方式则会帮开发者省了很多麻烦，直接通过一个脚本一键生成相关的代码，后续如果有功能新增或者改动，也只需要重新执行一次脚本即可。所以自动绑定对于不需要进行强定制，需要快速完成 JSB 的情况来说非常适合。

JSB 2.0 原生平台性能提升特性如下。

● 支持平台原生 JS 引擎，减小 iOS 包体 5MB。

● 性能大大提升，iOS 平台 JS 执行提升 5 倍。

● 分代垃圾回收（Generational GC），避免卡顿。

● 支持所有原生平台调试，使用上更加高效。

● 完全抽象的绑定层 API，后续 JS 引擎升级更加便捷无感知。

Cocos Creator 原生平台的基础架构和 Cocos2d-x 一脉相承，框架上是没变化的：在 Cocos2d-x C++ 引擎的基础上，通过 JS Virtual Machine（JS VM）来支持 JS 脚本的执行，同时通过 JSB 绑定技术保留 C++ API 到 JS 层，使得 JS 代码可以调用引擎 API。

在 v1.6 以及之前版本中，Cocos Creator 一直使用 SpiderMonkey 作为内置的 JS VM，并且一直直接使用 SpiderMonkey 的 API 来实现绑定层代码。这点在 v1.7 中发生了重大的改变，它将内置的 JS VM 切换为 V8 以及 JavaScriptCore（JSC），根据发布平台自动切换，并且抽象统一了绑定层的 API，让不同的 JS VM 可以无缝切换。如果有人不清楚这三者的区别，可以这样理解：SpiderMonkey 是 Firefox 中的 JS VM，V8 是 Chrome 的 JS VM，JSC 是 Safari 的 JS VM。

13.1　抽象层

13.1.1　架构

架构如图 13-1 所示。

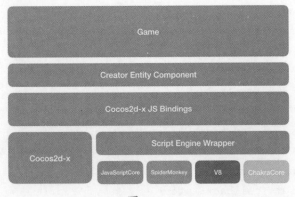

图 13-1

13.1.2　宏（Macro）

使用抽象层必然会比直接使用 JS 引擎 API 的方式多占用一些 CPU 执行时间，如何把抽象层本身的开销降到最低成为设计的第一目标。

JS 绑定的大部分工作其实就是设定 JS 相关操作的 CPP 回调，在回调函数中关联 CPP 对象。其实主要包含如下两种类型。

●注册 JS 函数（包含全局函数、类构造函数、类析构函数、类成员函数、类静态成员函数），绑定一个 CPP 回调。

●注册 JS 对象的属性读写访问器，分别绑定读与写的 CPP 回调。

如何做到抽象层开销最小而且保留统一的 API 供上层使用？以注册 JS 函数的回调定义为例，JavaScriptCore、SpiderMonkey、V8、ChakraCore 的定义各不相同，具体如下：

```
JavaScriptCore
  JSValueRef JSB_foo_func(
        JSContextRef _cx,
        JSObjectRef _function,
        JSObjectRef _thisObject,
        size_t argc,
        const JSValueRef _argv[],
        JSValueRef* _exception
    );
SpiderMonkey
  bool JSB_foo_func(
        JSContext* _cx,
        unsigned argc,
        JS::Value* _vp
    );
V8
  void JSB_foo_func(
        const v8::FunctionCallbackInfo<v8::Value>& v8args
    );
ChakraCore
  JsValueRef JSB_foo_func(
        JsValueRef _callee,
        bool _isConstructCall,
        JsValueRef* _argv,
        unsigned short argc,
        void* _callbackState
    );
```

官方最终确定使用宏来抹平不同 JS 引擎回调函数定义与参数类型的不同，不管底层是使用什么引擎，开发者统一使用一种回调函数的定义。我们借鉴了 lua 的回调函数定义方式，抽象层所有的 JS 到 CPP 的回调函数的定义为：

```
bool foo(se::State& s){

    ...

}

SE_BIND_FUNC(foo) // 此处以回调函数的定义为例
```

开发者编写完回调函数后，记住使用 SE_BIND_XXX 系列的宏对回调函数进行包装。目前这个系列有以下几个宏。

● SE_BIND_PROP_GET：包装一个 JS 对象属性读取的回调函数。

● SE_BIND_PROP_SET：包装一个 JS 对象属性写入的回调函数。

● SE_BIND_FUNC：包装一个 JS 函数，可用于全局函数、类成员函数、类静态函数。

● SE_DECLARE_FUNC：声明一个 JS 函数，一般在 .h 头文件中使用。

● SE_BIND_CTOR：包装一个 JS 构造函数。

● SE_BIND_SUB_CLS_CTOR：包装一个 JS 子类的构造函数，此子类使用 cc.Class.extend 继承 Native 绑定类。

● SE_FINALIZE_FUNC：包装一个 JS 对象被 GC 回收后的回调函数。

● SE_DECLARE_FINALIZE_FUNC：声明一个 JS 对象被 GC 回收后的回调函数。

● _SE：包装回调函数的名称，转义为每个 JS 引擎能够识别的回调函数的定义。

注意，第一个字符为下划线，这类似 Windows 下用的 _T("xxx") 来包装 Unicode 或者 MultiBytes 字符串。

13.2　API

13.2.1　CPP 命名空间（namespace）

CPP 抽象层所有的类型都在 se 命名空间下，其为 ScriptEngine 的缩写。

13.2.2　类型

1. se::ScriptEngine

se::ScriptEngine 为 JS 引擎的管理员，掌管 JS 引擎初始化、销毁、重启、Native 模块注册、加载脚本、强制垃圾回收、JS 异常清理、是否启用调试器。它是一个单例，可通过 se::ScriptEngine::getInstance() 得到对应的实例。

2. se::Value

se::Value 可以被理解为 JS 变量在 CPP 层的引用。JS 变量有 object、number、string、boolean、null、undefined 6 种类型。因此 se::Value 使用 union 包含 object、 number、string、boolean 4 种 有值类型。无值类型 包含 null 和 undefined，可由 _type 直接表示。例如：

```
namespace se {
    class Value {
        enum class Type : char
        {
            Undefined = 0,
            Null,
            Number,
            Boolean,
            String,
            Object
        };
        ...
    private:
        union {
            bool _boolean;
            double _number;
            std::string* _string;
            Object* _object;
        } _u;

        Type _type;
        ...
    };
}
```

如果 se::Value 中保存基础数据类型，比如 number、string、boolean，则其内部直接存储一份值副本。

object 的存储比较特殊，是通过 se::Object* 对 JS 对象的弱引用 (weak reference)。

3. se::Object

se::Object 继承于 se::RefCounter 引用计数管理类。目前抽象层中只有 se::Object 继承于 se::RefCounter。

上一小节我们说到，se::Object 是保存了对 JS 对象的弱引用，这里有必要解释一下为什么是弱引用。

原因一：JS 对象控制 CPP 对象的生命周期的需要

当在脚本层中通过 "var sp = new cc.Sprite("a.png");" 创建了一个 Sprite 后，在构造回调函数绑定中会创建一个 se::Object 并保留在一个全局的 map (NativePtrToObjectMap) 中，此 map 用于查询 cocos2d::Sprite* 指针获取对应的 JS 对象 se::Object* 。例如：

```
static bool js_cocos2d_Sprite_finalize(se::State& s){
```

```
    CCLOG("jsbindings: finalizing JS object %p (cocos2d::Sprite)",
s.nativeThisObject());
    cocos2d::Sprite* cobj = (cocos2d::Sprite*)s.nativeThisObject();
    if (cobj->getReferenceCount() == 1)
        cobj->autorelease();
    else
        cobj->release();
    return true;
}
SE_BIND_FINALIZE_FUNC(js_cocos2d_Sprite_finalize)
static bool js_cocos2dx_Sprite_constructor(se::State& s){
    cocos2d::Sprite* cobj = new (std::nothrow) cocos2d::Sprite();
// cobj 将在 finalize 函数中被释放
    s.thisObject()->setPrivateData(cobj);
// setPrivateData 内部会去保存 cobj 到 NativePtrToObjectMap 中
    return true;
}
SE_BIND_CTOR(js_cocos2dx_Sprite_constructor, __jsb_cocos2d_Sprite_
class, js_cocos2d_Sprite_finalize)
```

如果强制要求 se::Object 为 JS 对象的强引用 (strong reference)，即让 JS 对象不受 GC 控制，由于 se::Object 一直存在于 map 中，finalize 回调将永远无法被触发，从而导致内存泄漏。

正是由于 se::Object 保存的是 JS 对象的弱引用，JS 对象控制 CPP 对象的生命周期才能够实现。以上代码中，当 JS 对象被释放后，会触发 finalize 回调，开发者只需要在 js_cocos2d_Sprite_finalize 中释放对应的 C++ 对象即可；se::Object 的释放已经被包含在 SE_BIND_FINALIZE_FUNC 宏中自动处理，开发者无须管理在 JS 对象控制 CPP 对象模式中 se::Object 的释放；但是在 CPP 对象控制 JS 对象模式中，开发者需要管理对 se::Object 的释放，具体方式在下一节中会举例说明。

原因二：更加灵活，手动调用 root 方法以支持强引用。

se::Object 中提供了 root/unroot 方法供开发者调用，root 会把 JS 对象放入不被 GC 扫描到的区域，调用 root 后，se::Object 就强引用了 JS 对象；只有当 unroot 被调用或者 se::Object 被释放后，JS 对象才会放回到被 GC 扫描到的区域。

一般情况下，如果对象是非 cocos2d::Ref 的子类，会采用 CPP 对象控制 JS 对象的生命周期的方式去绑定。引擎内 spine、dragonbones、box2d 等第三方库的绑定就是采用此方式。当 CPP 对象被释放的时候，需要在 NativePtrToObjectMap 中查找对应的 se::Object，然后手动 unroot 和 decRef。以 spine 中 spTrackEntry 的绑定为例，代码如下：

```
spTrackEntry_setDisposeCallback([](spTrackEntry* entry){
        // spTrackEntry 的销毁回调
```

```cpp
    se::Object* seObj = nullptr;

        auto iter = se::NativePtrToObjectMap::find(entry);
        if (iter != se::NativePtrToObjectMap::end())
        {
            // 保存 se::Object 指针，用于在下面的 cleanup 函数中释放其内存
            seObj = iter->second;
            // Native 对象 entry 的内存已经被释放，因此需要立马解除 Native
    // 对象与 JS 对象的关联。

            //  如果解除引用关系放在下面的 cleanup 函数中处理，有可能触发
    // se::Object::setPrivateData 中的断言，因为新生成的 Native 对象的地址可能与
    // 当前对象相同，而 cleanup 可能被延迟到帧结束前执行。
            se::NativePtrToObjectMap::erase(iter);
        }
        else
        {
            return;
        }

        auto cleanup = [seObj](){

            auto se = se::ScriptEngine::getInstance();
            if (!se->isValid() || se->isInCleanup())
                return;

            se::AutoHandleScope hs;
            se->clearException();

// 由于上面逻辑已经把映射关系解除了，这里传入 false 表示不用再次解除映射关系，
 // 因为当前 seObj 的 private data 可能已经是另外一个不同的对象
            seObj->clearPrivateData(false);
            seObj->unroot(); // unroot, 使 JS 对象受 GC 管理
            seObj->decRef(); // 释放 se::Object
        };

        // 确保不再垃圾回收中去操作 JS 引擎的 API
        if (!se::ScriptEngine::getInstance()->isGarbageCollecting())
        {
            cleanup();
        }
        else
```

```
    { // 如果在垃圾回收，把清理任务放在帧结束中进行
        CleanupTask::pushTaskToAutoReleasePool(cleanup);
    }
});
```

（1）对象类型。

绑定对象的创建已经被隐藏在对应的 SE_BIND_CTOR 和 SE_BIND_SUB_CLS_CTOR 函数中，开发者在绑定回调中如果需要用到当前对象对应的 se::Object，只需要通过 s.thisObject() 即可获取。其中 s 为 se::State 类型，具体会在后续章节中说明。

此外，se::Object 目前支持以下几种对象的手动创建。

● Plain Object：通过 se::Object::createPlainObject 创建，类似 JS 中的 "var a = {};"。

● Array Object：通过 se::Object::createArrayObject 创建，类似 JS 中的 "var a = [];"。

● Uint8 Typed Array Object：通过 se::Object::createTypedArray 创建，类似 JS 中的 "var a = new Uint8Array(buffer);"。

● Array Buffer Object：通过 se::Object::createArrayBufferObject，类似 JS 中的 "var a = new ArrayBuffer(len);"。

（2）手动创建对象的释放。

se::Object::createXXX 方法与 cocos2d-x 中的 create 方法不同，抽象层是完全独立的一个模块，并不依赖于 cocos2d-x 的 autorelease 机制。虽然 se::Object 也是继承引用计数类，但开发者需要处理手动创建出来的对象的释放。例如：

```
se::Object* obj = se::Object::createPlainObject();
...
obj->decRef(); // 释放引用，避免内存泄漏
```

4. se::HandleObject （推荐的管理手动创建对象的辅助类）

在比较复杂的逻辑中使用手动创建对象，开发者往往会忘记在不同的逻辑中处理 decRef。例如：

```
bool foo(){
    se::Object* obj = se::Object::createPlainObject();
    if (var1)
        return false; // 这里直接返回了，忘记做 decRef 释放操作

    if (var2)
        return false; // 这里直接返回了，忘记做 decRef 释放操作
    ...
    obj->decRef();
    return true;
}
```

即使在不同的返回条件分支中加上了 decRef，也会导致逻辑复杂，难以维护；如果

后期加入另外一个返回分支，则很容易忘记 decRef。

JS 引擎在 se::Object::createXXX 后触发，如果 JS 引擎做了 GC 操作，导致后续使用的 se::Object 内部引用了一个非法指针，则引发程序崩溃。

为了解决上述两个问题，抽象层定义了一个辅助管理手动创建对象的类型，即 se::HandleObject。

se::HandleObject 是一个辅助类，用于更加简单地管理手动创建的 se::Object 对象的释放、root 和 unroot 操作。以下两种代码写法是等价的，使用 se::HandleObject 的代码量明显少很多，而且更加安全。

```
{
    se::HandleObject obj(se::Object::createPlainObject());
    obj->setProperty(...);
    otherObject->setProperty("foo", se::Value(obj));
}
```

等价于：

```
{
    se::Object* obj = se::Object::createPlainObject();
    obj->root(); // 在手动创建完对象后立马 root, 防止对象被 GC

    obj->setProperty(...);
    otherObject->setProperty("foo", se::Value(obj));

    obj->unroot(); // 当对象被使用完后，调用 unroot
    obj->decRef(); // 引用计数减一，避免内存泄漏
}
```

注意：

● 不要尝试使用 se::HandleObject 创建一个 native 与 JS 的绑定对象，在 JS 控制 CPP 的模式中，绑定对象的释放会被抽象层自动处理，这在前文已有介绍。

● se::HandleObject 对象只能够在栈上被分配，而且栈上构造的时候必须传入一个 se::Object 指针。

5. se::Class

se::Class 用于暴露 CPP 类到 JS 中，它会在 JS 中创建一个对应名称的 constructor function。

它有如下方法。

● static se::Class* create(className, obj, parentProto, ctor)：创建一个 Class，注册成功后，在 JS 层中可以通过 "var xxx = new SomeClass();" 方式创建一个对象。

● bool defineFunction(name, func)：定义 Class 中的成员函数。

● bool defineProperty(name, getter, setter)：定义 Class 属性读写器。

● bool defineStaticFunction(name, func)：定义 Class 的静态成员函数，可通过 SomeClass.foo() 这种非 new 的方式访问，与类实例对象无关。

● bool defineStaticProperty(name, getter, setter)：定义 Class 的静态属性读写器，可通过 SomeClass.propertyA 直接读写，与类实例对象无关。

● bool defineFinalizeFunction(func)：定义 JS 对象被 GC 后的 CPP 回调。

● bool install()：注册此类到 JS 虚拟机中。

● Object* getProto()：获取注册到 JS 中的类（其实是 JS 的 constructor）的 prototype 对象，类似 function Foo(){} 的 Foo.prototype。

● const char* getName() const：获取当前 Class 的名称。

注意：Class 类型创建后，不需要手动释放内存，它会被封装层自动处理。

更具体 API 说明可以翻看 API 文档或者代码注释。

6. se::AutoHandleScope

se::AutoHandleScope 对象类型完全是为了解决 V8 的兼容问题而引入的概念。V8 中，当有 CPP 函数需要触发 JS 相关操作，如调用 JS 函数、访问 JS 属性等，会调用 v8::Local<> 的操作，V8 强制要求在调用这些操作前必须存在一个 v8::HandleScope 作用域，否则会引发程序崩溃。

因此抽象层中引入了 se::AutoHandleScope 的概念，其只在 V8 上有实现，其他 JS 引擎目前都只是空实现。

开发者需要记住，在执行任何代码时，需要调用 JS 的逻辑前，声明一个 se::AutoHandleScope 即可，比如：

```
class SomeClass {
    void update(float dt) {
        se::ScriptEngine::getInstance()->clearException();
        se::AutoHandleScope hs;

        se::Object* obj = ...;
        obj->setProperty(...);
        ...
        obj->call(...);
    }
};
```

7. se::State

之前章节有提及 State 类型，它是绑定回调中的一个环境，我们通过 se::State 可以取得当前的 CPP 指针、se::Object 对象指针、参数列表、返回值引用。

```
bool foo(se::State& s){
    // 获取 native 对象指针
    SomeClass* cobj = (SomeClass*)s.nativeThisObject();
    // 获取 se::Object 对象指针
```

```
    se::Object* thisObject = s.thisObject();
    // 获取参数列表
    const se::ValueArray& args = s.args();
    // 设置返回值
    s.rval().setInt32(100);
    return true;
}
SE_BIND_FUNC(foo)
```

13.2.3 抽象层与 Cocos 引擎

ScriptEngine 这层设计之初就将其定义为一个独立模块，完全不依赖 Cocos 引擎。开发者可以通过 copy、paste 命令把 cocos/scripting/js-bindings/jswrapper 下的所有抽象层源码拷贝到其他项目中直接使用。

13.3 手动绑定

手动绑定的过程如下。

（1）回调函数声明。

代码如下：

```
static bool Foo_balabala(se::State& s){
    const auto& args = s.args();
    int argc = (int)args.size();
if (argc >= 2) // 这里约定参数个数必须大于等于 2，否则抛出错误到 JS 层且返回 false
    {
        ...
        ...
        return true;
    }

    SE_REPORT_ERROR("wrong number of arguments: %d, was expecting %d",
argc, 2);
    return false;
}
// 如果是绑定函数，则用 SE_BIND_FUNC，构造函数、析构函数、子类构造函数等类似
SE_BIND_FUNC(Foo_balabala)
```

（2）为 JS 对象设置一个属性值。

代码如下：

```
// 这里为了演示方便，获取全局对象
se::Object* globalObj = se::ScriptEngine::getInstance()->getGlobalObject();
```

```
// 给全局对象设置一个 foo 属性，值为 100
globalObj->setProperty("foo", se::Value(100));
```

在 JS 中就可以直接使用 foo 这个全局变量了，代码如下：

```
cc.log("foo value: " + foo);
 // 打印出 foo value: 100
```

（3）为 JS 对象定义一个属性读写回调。

代码如下：

```
// 全局对象的 foo 属性的读回调
static bool Global_get_foo(se::State& s){
    NativeObj* cobj = (NativeObj*)s.nativeThisObject();
    int32_t ret = cobj->getValue();
    s.rval().setInt32(ret);
    return true;
}
SE_BIND_PROP_GET(Global_get_foo)
// 全局对象的 foo 属性的写回调
static bool Global_set_foo(se::State& s){
    const auto& args = s.args();
    int argc = (int)args.size();
    if (argc >= 1)
    {
        NativeObj* cobj = (NativeObj*)s.nativeThisObject();
        int32_t arg1 = args[0].toInt32();
        cobj->setValue(arg1);
     // void 类型的函数，无须设置 s.rval，未设置则默认返回 undefined 给 JS 层
        return true;
    }

    SE_REPORT_ERROR("wrong number of arguments: %d, was expecting %d",
argc, 1);
    return false;
}
SE_BIND_PROP_SET(Global_set_foo)
void some_func(){
// 这里为了演示方便，获取全局对象
se::Object* globalObj = se::ScriptEngine::getInstance()-
>getGlobalObject();
// 使用 _SE 宏包装一下具体的函数名称
    globalObj->defineProperty("foo", _SE(Global_get_foo), _SE(Global_
```

```
set_foo));
    }
```

（4）为 JS 对象设置一个函数。

代码如下：

```
static bool Foo_function(se::State& s){
    ...
}
SE_BIND_FUNC(Foo_function)
void some_func(){
// 这里为了演示方便，获取全局对象
se::Object* globalObj = se::ScriptEngine::getInstance()-
>getGlobalObject();
// 使用 _SE 宏包装一下具体的函数名称
    globalObj->defineFunction("foo", _SE(Foo_function));
}
```

（5）注册一个 CPP 类到 JS 虚拟机中。

代码如下：

```
static se::Object* __jsb_ns_SomeClass_proto = nullptr;
static se::Class* __jsb_ns_SomeClass_class = nullptr;

namespace ns {
    class SomeClass
    {
    public:
        SomeClass()
        : xxx(0)
        {}

        void foo() {
            printf("SomeClass::foo\n");

            Director::getInstance()->getScheduler()->schedule([this]
(float dt){
                static int counter = 0;
                ++counter;
                if (_cb != nullptr)
                    _cb(counter);
            }, this, 1.0f, CC_REPEAT_FOREVER, 0.0f, false, "iamkey");
        }
```

```
    static void static_func() {
            printf("SomeClass::static_func\n");
        }
        void setCallback(const std::function<void(int)>& cb) {
            _cb = cb;
            if (_cb != nullptr)
            {
                printf("setCallback(cb)\n");
            }
            else
            {
                printf("setCallback(nullptr)\n");
            }
        }

        int xxx;
    private:
        std::function<void(int)> _cb;
    };
} // namespace ns {

static bool js_SomeClass_finalize(se::State& s)
{
    ns::SomeClass* cobj = (ns::SomeClass*)s.nativeThisObject();
    delete cobj;
    return true;
}
SE_BIND_FINALIZE_FUNC(js_SomeClass_finalize)

static bool js_SomeClass_constructor(se::State& s)
{
    ns::SomeClass* cobj = new ns::SomeClass();
    s.thisObject()->setPrivateData(cobj);
    return true;
}
SE_BIND_CTOR(js_SomeClass_constructor, __jsb_ns_SomeClass_class, js_
SomeClass_finalize)

static bool js_SomeClass_foo(se::State& s)
{
```

```cpp
        ns::SomeClass* cobj = (ns::SomeClass*)s.nativeThisObject();
        cobj->foo();
        return true;
    }
    SE_BIND_FUNC(js_SomeClass_foo)

    static bool js_SomeClass_get_xxx(se::State& s)
    {
        ns::SomeClass* cobj = (ns::SomeClass*)s.nativeThisObject();
        s.rval().setInt32(cobj->xxx);
        return true;
    }
    SE_BIND_PROP_GET(js_SomeClass_get_xxx)

    static bool js_SomeClass_set_xxx(se::State& s)
    {
        const auto& args = s.args();
        int argc = (int)args.size();
        if (argc > 0)
        {
            ns::SomeClass* cobj = (ns::SomeClass*)s.nativeThisObject();
            cobj->xxx = args[0].toInt32();
            return true;
        }

        SE_REPORT_ERROR("wrong number of arguments: %d, was expecting %d",
argc, 1);
        return false;
    }
    SE_BIND_PROP_SET(js_SomeClass_set_xxx)

    static bool js_SomeClass_static_func(se::State& s)
    {
        ns::SomeClass::static_func();
        return true;
    }
    SE_BIND_FUNC(js_SomeClass_static_func)

    bool js_register_ns_SomeClass(se::Object* global)
    {
```

```
    // 保证 namespace 对象存在
    se::Value nsVal;
    if (!global->getProperty("ns", &nsVal))
    {
        // 不存在则创建一个 JS 对象，相当于 var ns = {};
        se::HandleObject jsobj(se::Object::createPlainObject());
        nsVal.setObject(jsobj);

        // 将 ns 对象挂载到 global 对象中，名称为 ns
        global->setProperty("ns", nsVal);
    }
    se::Object* ns = nsVal.toObject();
```

```
// 创建一个 Class 对象，开发者无须考虑 Class 对象的释放，其交由 ScriptEngine
// 内部自动处理
auto cls = se::Class::create("SomeClass", ns, nullptr, _SE(js_
SomeClass_constructor));
// 如果无构造函数，最后一个参数可传入 nullptr，则这个类在 JS 中无法被 new SomeClass()
// 构造出来

// 为这个 Class 对象定义成员函数、属性、静态函数、析构函数
cls->defineFunction("foo", _SE(js_SomeClass_foo));
cls->defineProperty("xxx", _SE(js_SomeClass_get_xxx), _SE(js_SomeClass_
set_xxx));

cls->defineFinalizeFunction(_SE(js_SomeClass_finalize));

// 注册类型到 JS VirtualMachine 的操作
cls->install();

// JSBClassType 为 Cocos 引擎绑定层封装的类型注册的辅助函数，此函数不属于
// ScriptEngine 这层
JSBClassType::registerClass<ns::SomeClass>(cls);
// 保存注册的结果，便于其他地方使用，比如类继承
__jsb_ns_SomeClass_proto = cls->getProto();
__jsb_ns_SomeClass_class = cls;

// 为每个此 Class 实例化出来的对象附加一个属性
__jsb_ns_SomeClass_proto->setProperty("yyy", se::Value("helloyyy"));

// 注册静态成员变量和静态成员函数
```

```
se::Value ctorVal;
if (ns->getProperty("SomeClass", &ctorVal) && ctorVal.isObject())
{
ctorVal.toObject()->setProperty("static_val", se::Value(200));
ctorVal.toObject()->defineFunction("static_func", _SE(js_SomeClass_
static_func));
}
// 清空异常
se::ScriptEngine::getInstance()->clearException();
return true;
}
```

（6）绑定 CPP 接口中的回调函数。

代码如下：

```
static bool js_SomeClass_setCallback(se::State& s){
    const auto& args = s.args();
    int argc = (int)args.size();
    if (argc >= 1)
    {
        ns::SomeClass* cobj = (ns::SomeClass*)s.nativeThisObject();

        se::Value jsFunc = args[0];
        se::Value jsTarget = argc > 1 ? args[1] : se::Value::Undefined;

        if (jsFunc.isNullOrUndefined())
        {
            cobj->setCallback(nullptr);
        }
        else
        {
         assert(jsFunc.isObject() && jsFunc.toObject()->isFunction());

// 如果当前 SomeClass 是可以被 new 出来的类，我们使用 se::Object::attachObject
// 把 jsFunc 和 jsTarget 关联到当前对象中
    s.thisObject()->attachObject(jsFunc.toObject());
    s.thisObject()->attachObject(jsTarget.toObject());

//  如果当前 SomeClass 类是一个单例类，或者永远只有一个实例的类，我们不能用
// se::Object::attachObject 去关联
// 必须使用 se::Object::root，开发者无须关心 unroot, unroot 的操作会随着 lambda
// 的销毁触发 jsFunc 的析构，在 se::Object 的析构函数中进行 unroot 操作。
```

```
// js_cocos2dx_EventDispatcher_addCustomEventListener 的绑定代码就是使用
// 此方式，因为 EventDispatcher 始终只有一个实例。
// 如果使用  s.thisObject->attachObject(jsFunc.toObject) 会导致对应的  func
// 和  target  永远无法被释放，引发内存泄漏。

 cobj->setCallback([jsFunc, jsTarget](int counter){
```

CPP 回调函数中要传递数据给 JS 或者调用 JS 函数在回调函数开始需要添加如下代码。

```
    se::ScriptEngine::getInstance()->clearException();
    se::AutoHandleScope hs;

    se::ValueArray args;
    args.push_back(se::Value(counter));

    se::Object* target = jsTarget.isObject() ?
                         jsTarget.toObject() : nullptr;
    jsFunc.toObject()->call(args, target);
});
}


return true;
}

SE_REPORT_ERROR("wrong number of arguments:%d, was expecting %d", argc, 1);
return false;
}
SE_BIND_FUNC(js_SomeClass_setCallback)
```

SomeClass 类注册后，就可以在 JS 中这样使用了：

```
 var myObj = new ns.SomeClass();
 myObj.foo();
 ns.SomeClass.static_func();
 cc.log("ns.SomeClass.static_val: " + ns.SomeClass.static_val);
 cc.log("Old myObj.xxx:" + myObj.xxx);
 myObj.xxx = 1234;
 cc.log("New myObj.xxx:" + myObj.xxx);
 cc.log("myObj.yyy: " + myObj.yyy);

 var delegateObj = {
     onCallback: function(counter) {
```

```
            cc.log("Delegate obj, onCallback: " + counter + ", this.myVar:
" + this.myVar);
        this.setVar();
      },

      setVar: function() {
        this.myVar++;
      },

      myVar: 100
  };

  myObj.setCallback(delegateObj.onCallback, delegateObj);

  setTimeout(function(){
     myObj.setCallback(null);
  }, 6000); // 6 秒后清空 callback
```

Console 中会输出：

```
SomeClass::foo
SomeClass::static_func
ns.SomeClass.static_val: 200
Old myObj.xxx:0
New myObj.xxx:1234
myObj.yyy: helloyyy
setCallback(cb)
Delegate obj, onCallback: 1, this.myVar: 100
Delegate obj, onCallback: 2, this.myVar: 101
Delegate obj, onCallback: 3, this.myVar: 102
Delegate obj, onCallback: 4, this.myVar: 103
Delegate obj, onCallback: 5, this.myVar: 104
Delegate obj, onCallback: 6, this.myVar: 105
setCallback(nullptr)
```

（7）使用 cocos2d-x bindings 层的类型转换辅助函数。

类型转换辅助函数位于 cocos/scripting/js-bindings/manual/jsb_conversions.hpp/.cpp 中，其包含如下。

① se::Value 转换为 C++ 类型。

```
bool seval_to_int32(const se::Value& v, int32_t* ret);
bool seval_to_uint32(const se::Value& v, uint32_t* ret);
bool seval_to_int8(const se::Value& v, int8_t* ret);
```

```
    bool seval_to_uint8(const se::Value& v, uint8_t* ret);
    bool seval_to_int16(const se::Value& v, int16_t* ret);
    bool seval_to_uint16(const se::Value& v, uint16_t* ret);
    bool seval_to_boolean(const se::Value& v, bool* ret);
    bool seval_to_float(const se::Value& v, float* ret);
    bool seval_to_double(const se::Value& v, double* ret);
    bool seval_to_long(const se::Value& v, long* ret);
    bool seval_to_ulong(const se::Value& v, unsigned long* ret);
    bool seval_to_longlong(const se::Value& v, long long* ret);
    bool seval_to_ssize(const se::Value& v, ssize_t* ret);
    bool seval_to_std_string(const se::Value& v, std::string* ret);
    bool seval_to_Vec2(const se::Value& v, cocos2d::Vec2* pt);
    bool seval_to_Vec3(const se::Value& v, cocos2d::Vec3* pt);
    bool seval_to_Vec4(const se::Value& v, cocos2d::Vec4* pt);
    bool seval_to_Mat4(const se::Value& v, cocos2d::Mat4* mat);
    bool seval_to_Size(const se::Value& v, cocos2d::Size* size);
    bool seval_to_Rect(const se::Value& v, cocos2d::Rect* rect);
    bool seval_to_Color3B(const se::Value& v, cocos2d::Color3B* color);
    bool seval_to_Color4B(const se::Value& v, cocos2d::Color4B* color);
    bool seval_to_Color4F(const se::Value& v, cocos2d::Color4F* color);
    bool seval_to_ccvalue(const se::Value& v, cocos2d::Value* ret);
    bool seval_to_ccvaluemap(const se::Value& v, cocos2d::ValueMap* ret);
    bool seval_to_ccvaluemapintkey(const se::Value& v, cocos2d::ValueMapIntKey*
ret);
    bool seval_to_ccvaluevector(const se::Value& v, cocos2d::ValueVector* ret);
    bool sevals_variadic_to_ccvaluevector(const se::ValueArray& args, cocos2d::ValueVector*
ret);
    bool seval_to_blendfunc(const se::Value& v, cocos2d::BlendFunc* ret);
    bool seval_to_std_vector_string(const se::Value& v, std::vector<std::string>*
ret);
    bool seval_to_std_vector_int(const se::Value& v, std::vector<int>* ret);
    bool seval_to_std_vector_float(const se::Value& v, std::vector<float>* ret);
    bool seval_to_std_vector_Vec2(const se::Value& v, std::vector<cocos2d::Vec2>*
ret);
    bool seval_to_std_vector_Touch(const se::Value& v, std::vector<cocos2d::Touch*>*
ret);
    bool seval_to_std_map_string_string(const se::Value& v, std::map<std::string,
std::string>* ret);
    bool seval_to_FontDefinition(const se::Value& v, cocos2d::FontDefinition* ret);
    bool seval_to_Acceleration(const se::Value& v, cocos2d::Acceleration* ret);
    bool seval_to_Quaternion(const se::Value& v, cocos2d::Quaternion* ret);
```

```
    bool seval_to_AffineTransform(const se::Value& v, cocos2d::AffineTransform*
ret);
    //bool seval_to_Viewport(const se::Value& v, cocos2d::experimental::Viewport*
ret);
    bool seval_to_Data(const se::Value& v, cocos2d::Data* ret);
    bool seval_to_DownloaderHints(const se::Value& v, cocos2d::network:
:DownloaderHints* ret);
    bool seval_to_TTFConfig(const se::Value& v, cocos2d::TTFConfig* ret);

    //box2d seval to native convertion
    bool seval_to_b2Vec2(const se::Value& v, b2Vec2* ret);
    bool seval_to_b2AABB(const se::Value& v, b2AABB* ret);

    template<typename T>
    bool seval_to_native_ptr(const se::Value& v, T* ret);

    template<typename T>
    bool seval_to_Vector(const se::Value& v, cocos2d::Vector<T>* ret);

    template<typename T>
    bool seval_to_Map_string_key(const se::Value& v, cocos2d::Map<std::string,
T>* ret)
```

② C++ 类型转换为 se::Value。

```
    bool int8_to_seval(int8_t v, se::Value* ret);
    bool uint8_to_seval(uint8_t v, se::Value* ret);
    bool int32_to_seval(int32_t v, se::Value* ret);
    bool uint32_to_seval(uint32_t v, se::Value* ret);
    bool int16_to_seval(uint16_t v, se::Value* ret);
    bool uint16_to_seval(uint16_t v, se::Value* ret);
    bool boolean_to_seval(bool v, se::Value* ret);
    bool float_to_seval(float v, se::Value* ret);
    bool double_to_seval(double v, se::Value* ret);
    bool long_to_seval(long v, se::Value* ret);
    bool ulong_to_seval(unsigned long v, se::Value* ret);
    bool longlong_to_seval(long long v, se::Value* ret);
    bool ssize_to_seval(ssize_t v, se::Value* ret);
    bool std_string_to_seval(const std::string& v, se::Value* ret);

    bool Vec2_to_seval(const cocos2d::Vec2& v, se::Value* ret);
    bool Vec3_to_seval(const cocos2d::Vec3& v, se::Value* ret);
```

```
    bool Vec4_to_seval(const cocos2d::Vec4& v, se::Value* ret);
    bool Mat4_to_seval(const cocos2d::Mat4& v, se::Value* ret);
    bool Size_to_seval(const cocos2d::Size& v, se::Value* ret);
    bool Rect_to_seval(const cocos2d::Rect& v, se::Value* ret);
    bool Color3B_to_seval(const cocos2d::Color3B& v, se::Value* ret);
    bool Color4B_to_seval(const cocos2d::Color4B& v, se::Value* ret);
    bool Color4F_to_seval(const cocos2d::Color4F& v, se::Value* ret);
    bool ccvalue_to_seval(const cocos2d::Value& v, se::Value* ret);
    bool ccvaluemap_to_seval(const cocos2d::ValueMap& v, se::Value* ret);
    bool ccvaluemapintkey_to_seval(const cocos2d::ValueMapIntKey& v, se::Value*
ret);
    bool ccvaluevector_to_seval(const cocos2d::ValueVector& v, se::Value* ret);
    bool blendfunc_to_seval(const cocos2d::BlendFunc& v, se::Value* ret);
    bool std_vector_string_to_seval(const std::vector<std::string>& v, se::Value*
ret);
    bool std_vector_int_to_seval(const std::vector<int>& v, se::Value* ret);
    bool std_vector_float_to_seval(const std::vector<float>& v, se::Value* ret);
    bool std_vector_Touch_to_seval(const std::vector<cocos2d::Touch*>& v,
se::Value* ret);
    bool std_map_string_string_to_seval(const std::map<std::string, std::string>& v,
se::Value* ret);
    bool uniform_to_seval(const cocos2d::Uniform* v, se::Value* ret);
    bool FontDefinition_to_seval(const cocos2d::FontDefinition& v, se::Value*
ret);
    bool Acceleration_to_seval(const cocos2d::Acceleration* v, se::Value* ret);
    bool Quaternion_to_seval(const cocos2d::Quaternion& v, se::Value* ret);
    bool ManifestAsset_to_seval(const cocos2d::extension::ManifestAsset& v,
se::Value* ret);
    bool AffineTransform_to_seval(const cocos2d::AffineTransform& v, se::Value* ret);
    bool Data_to_seval(const cocos2d::Data& v, se::Value* ret);
    bool DownloadTask_to_seval(const cocos2d::network::DownloadTask& v, se::Value*
ret);

    template<typename T>
    bool Vector_to_seval(const cocos2d::Vector<T*>& v, se::Value* ret);

    template<typename T>
    bool Map_string_key_to_seval(const cocos2d::Map<std::string, T*>& v, se::Value*
ret);

    template<typename T>
```

```
    bool native_ptr_to_seval(typename std::enable_if<!std::is_base_of<cocos2d::
Ref,T>::value,T>::type* v, se::Value* ret, bool* isReturnCachedValue = nullptr);

    template<typename T>
    bool native_ptr_to_seval(typename std::enable_if<!std::is_base_of<cocos2d::
Ref,T>::value,T>::type* v, se::Class* cls, se::Value* ret, bool* isReturnCachedValue
= nullptr)

    template<typename T>
    bool native_ptr_to_seval(typename std::enable_if<std::is_base_of<cocos2d
::Ref,T>::value,T>::type* v, se::Value* ret, bool* isReturnCachedValue =
nullptr);

    template<typename T>
    bool native_ptr_to_seval(typename std::enable_if<std::is_base_of<cocos2d::Ref,
T>::value,T>::type* v, se::Class* cls, se::Value* ret, bool* isReturnCachedValue
= nullptr);

    template<typename T>
    bool native_ptr_to_rooted_seval(typename std::enable_if<!std::is_base_of
<cocos2d::Ref,T>::value,T>::type* v, se::Value* ret, bool* isReturnCachedValue
= nullptr);

    template<typename T>
    bool native_ptr_to_rooted_seval(typename std::enable_if<!std::is_base_of<cocos2d:
:Ref,T>::value,T>::type* v, se::Class* cls, se::Value* ret, bool* isReturnCachedValue
= nullptr);

    // Spine conversions
    bool speventdata_to_seval(const spEventData& v, se::Value* ret);
    bool spevent_to_seval(const spEvent& v, se::Value* ret);
    bool spbonedata_to_seval(const spBoneData& v, se::Value* ret);
    bool spbone_to_seval(const spBone& v, se::Value* ret);
    bool spskeleton_to_seval(const spSkeleton& v, se::Value* ret);
    bool spattachment_to_seval(const spAttachment& v, se::Value* ret);
    bool spslotdata_to_seval(const spSlotData& v, se::Value* ret);
    bool spslot_to_seval(const spSlot& v, se::Value* ret);
    bool sptimeline_to_seval(const spTimeline& v, se::Value* ret);
    bool spanimationstate_to_seval(const spAnimationState& v, se::Value* ret);
    bool spanimation_to_seval(const spAnimation& v, se::Value* ret);
    bool sptrackentry_to_seval(const spTrackEntry& v, se::Value* ret);
```

```
// Box2d
bool b2Vec2_to_seval(const b2Vec2& v, se::Value* ret);
bool b2Manifold_to_seval(const b2Manifold* v, se::Value* ret);
bool b2AABB_to_seval(const b2AABB& v, se::Value* ret);
```

辅助转换函数不属于 Script Engine Wrapper 抽象层，而属于 cocos2d-x 绑定层，封装这些函数是为了在绑定代码中更加方便地转换。每个转换函数都返回 bool 类型，表示转换是否成功，开发者如果调用这些接口，需要去判断这个返回值。

以上接口，直接根据接口名称即可知道具体的用法，接口中第一个参数为输入，第二个参数为输出参数。用法如下：

```
se::Value v;bool ok = int32_to_seval(100, &v);
```

// 第二个参数为输出参数，传入输出参数的地址

```
int32_t v;bool ok = seval_to_int32(args[0], &v);
```

// 第二个参数为输出参数，传入输出参数的地址

注意理解 native_ptr_to_seval 与 native_ptr_to_rooted_seval 的区别：

开发者一定要理解清楚这二者的区别，才不会因为误用导致 JS 层内存泄漏这种比较难查的漏洞。

● native_ptr_to_seval 用于 JS 控制 CPP 对象生命周期的模式。当绑定层需要根据一个 CPP 对象指针获取一个 se::Value 的时候，可调用此方法。引擎内大部分继承于 cocos2d::Ref 的子类都采取这种方式去获取 se::Value。记住一点，当管理的绑定对象是由 JS 控制生命周期，需要转换为 seval 的时候，请用此方法，否则考虑用 native_ptr_to_rooted_seval。

● native_ptr_to_rooted_seval 用于 CPP 控制 JS 对象生命周期的模式。一般而言，第三方库中的对象绑定都会用到此方法。此方法会根据传入的 CPP 对象指针查找 cache 的 se::Object，如果不存在，则创建一个 rooted 的 se::Object，即这个创建出来的 JS 对象将不受 GC 控制，并永远保存在内存中。开发者需要监听 CPP 对象的释放，并在释放的时候去做 se::Object 的 unroot 操作，具体可参照相关章节中 spTrackEntry_setDisposeCallback 的内容。

13.4　自动绑定

13.4.1　配置模块 ini 文件

配置方法与 1.6 版本（引擎版本）中的方法相同，主要注意的是：1.7 版本中废弃了 script_control_cpp，因为 script_control_cpp 字段会影响整个模块，如果模块中需要绑定 cocos2d::Ref 子类和非 cocos::Ref 子类，原来的绑定配置则无法满足需求。1.7 版本中

取而代之的新字段为 classes_owned_by_cpp，表示哪些类是需要由 CPP 来控制 JS 对象的生命周期。

1.7 版本中另外加入的一个配置字段为 persistent_classes，用于表示哪些类是在游戏运行中一直存在的，比如 SpriteFrameCache、FileUtils、EventDispatcher、ActionManager、Scheduler。

其他字段与 1.6 版本一致。

具体可以参考引擎目录下的 tools/tojs/cocos2dx.ini 等 ini 配置文件。

13.4.2　ini 文件中每个字段的意义

代码及注释说明如下：

```
#模块名称
[cocos2d-x]
# 绑定回调函数的前缀，也是生成的自动绑定文件的前缀
prefix = cocos2dx
# 绑定的类挂载在 JS 中的哪个对象中，类似命名空间
target_namespace = cc
# 自动绑定工具基于 Android 编译环境，此处配置 Android 头文件搜索路径
android_headers = -I%(androidndkdir)s/platforms/android-14/arch-arm/
usr/include -I%(androidndkdir)s/sources/cxx-stl/gnu-libstdc++/4.8/libs/
armeabi-v7a/include -I%(androidndkdir)s/sources/cxx-stl/gnu-libstdc++/4.8/
include -I%(androidndkdir)s/sources/cxx-stl/gnu-libstdc++/4.9/libs/
armeabi-v7a/include -I%(androidndkdir)s/sources/cxx-stl/gnu-libstdc++/4.9/
include
    # 配置 Android 编译参数
    android_flags = -D_SIZE_T_DEFINED_
    # 配置 clang 头文件搜索路径
    clang_headers = -I%(clangllvmdir)s/%(clang_include)s
    # 配置 clang 编译参数
    clang_flags = -nostdinc -x c++ -std=c++11 -U __SSE__
    # 配置引擎的头文件搜索路径
    cocos_headers = -I%(cocosdir)s/cocos -I%(cocosdir)s/cocos/platform/
android -I%(cocosdir)s/external/sources
    # 配置引擎编译参数
    cocos_flags = -DANDROID
```

配置额外的编译参数

extra_arguments = %(android_headers)s %(clang_headers)s %(cxxgenerator_
headers)s %(cocos_headers)s %(android_flags)s %(clang_flags)s %(cocos_flags)s
%(extra_flags)s

需要自动绑定工具解析哪些头文件

headers = %(cocosdir)s/cocos/cocos2d.h %(cocosdir)s/cocos/scripting/
js-bindings/manual/BaseJSAction.h

在生成的绑定代码中，重命名头文件

replace_headers=CCProtectedNode.h::2d/CCProtectedNode.
h,CCAsyncTaskPool.h::base/CCAsyncTaskPool.h

需要绑定哪些类，可以使用正则表达式，以空格为间隔

classes =

哪些类需要在 JS 层通过 cc.Class.extend，以空格为间隔

classes_need_extend =

需要为哪些类绑定属性，以逗号为间隔

field = Acceleration::[x y z timestamp]

需要忽略绑定哪些类，以逗号为间隔

skip = AtlasNode::[getTextureAtlas],
          ParticleBatchNode::[getTextureAtlas],

重命名函数，以逗号为间隔

rename_functions = ComponentContainer::[get=getComponent],
                      LayerColor::[initWithColor=init],

重命名类，以逗号为间隔

rename_classes = SimpleAudioEngine::AudioEngine,
                  SAXParser::PlistParser,

配置哪些类不需要搜索其父类

classes_have_no_parents = Node Director SimpleAudioEngine FileUtils
TMXMapInfo Application GLViewProtocol SAXParser Configuration

配置哪些父类需要被忽略

base_classes_to_skip = Ref Clonable

配置哪些类是抽象类，抽象类没有构造函数，即在 js 层无法通过 var a = new SomeClass(); 的
方式构造 JS 对象

abstract_classes = Director SpriteFrameCache Set SimpleAudioEngine

配置哪些类是始终以一个实例的方式存在的，游戏运行过程中不会被销毁

persistent_classes = SpriteFrameCache FileUtils EventDispatcher
ActionManager Scheduler

```
# 配置哪些类是需要由 CPP 对象来控制 JS 对象生命周期的，未配置的类，默认采用 JS 控
# 制 CPP 对象生命周期
classes_owned_by_cpp =
```

13.5　远程调试与 Profile

13.5.1　打开远程调试开关

远程调试和 Profile 默认是在 debug 模式中生效的，如果需要在 release 模式下也启用，需要手动修改 cocos/scripting/js-bindings/jswrapper/config.hpp 中的宏开关。代码如下：

```
#if defined(COCOS2D_DEBUG) && COCOS2D_DEBUG > 0
#define SE_ENABLE_INSPECTOR 1#define SE_DEBUG 2
#else#define SE_ENABLE_INSPECTOR 0
#define SE_DEBUG 0
#endif
```

改为：

```
#if 1 // 这里改为 1，强制启用调试
#define SE_ENABLE_INSPECTOR 1
#define SE_DEBUG 2
#else
#define SE_ENABLE_INSPECTOR 0
#define SE_DEBUG 0
#endif
```

13.5.2　Chrome 远程调试 V8

1.Windows/Mac 系统调试

（1）编译、运行游戏（或在 Creator 中直接使用模拟器运行）。

（2）用 Chrome 浏览器打开 chrome-devtools://devtools/bundled/js_app.html?v8only=true&ws=127.0.0.1:5086/00010002-0003-4004-8005-000600070008 网页。

（3）断点调试（如图 13-2 所示）。

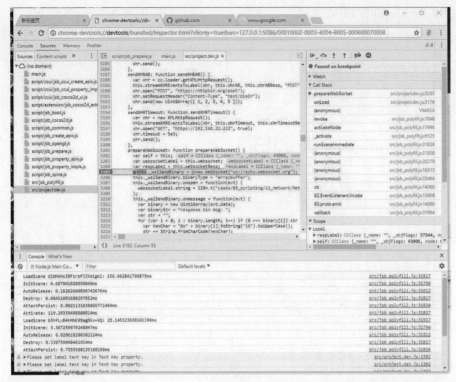

图 13-2

（4）抓取 JS Heap（如图 13-3 所示）。

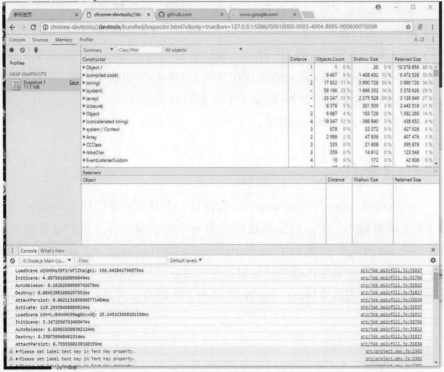

图 13-3

（5）Profile 如图 13-4 所示。

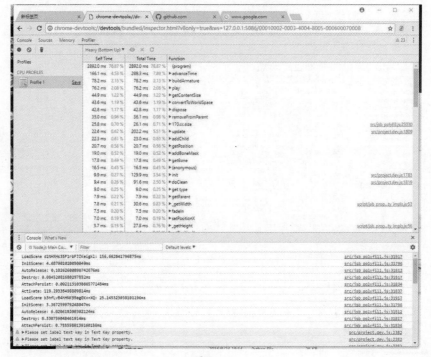

图 13-4

2. Android/iOS 系统调试

（1）保证 Android/iOS 设备与 PC 或者 Mac 在同一个局域网中。

（2）编译、运行游戏。

（3）在 Chrome 浏 览 器 中 打 开 chrome-devtools://devtools/bundled/js_app.html?
v8only=true&ws=xxx.xxx.xxx.xxx:6086/00010002-0003-4004-8005-000600070008 网页，其
中 xxx.xxx.xxx.xxx 为局域网中 Android/iOS 设备的 IP 地址。

（4）调试界面与 Windows 相同。

13.6 Q & A

（1）se::ScriptEngine 与 ScriptingCore 的区别，为什么还要保留 ScriptingCore ？

在 1.7（引擎版本）中，抽象层被设计为一个与引擎没有关系的独立模块，对 JS
引擎的管理从 ScriptingCore 移到了 se::ScriptEngine 类中，ScriptingCore 被保留下来是希
望通过它把引擎的一些事件传递给封装层，充当适配器的角色。

ScriptingCore 只需要在 AppDelegate 中使用一次即可，之后的所有操作都只需要用
到 se::ScriptEngine。

代码如下：

```
bool AppDelegate::applicationDidFinishLaunching()
{
        director->setAnimationInterval(1.0 / 60);
```

```
// 这两行把 ScriptingCore 这个适配器设置给引擎，用于传递引擎的一些事件，
// 比如 Node 的 onEnter, onExit, Action 的 update, JS 对象的持有与解除持有
ScriptingCore* sc = ScriptingCore::getInstance();
ScriptEngineManager::getInstance()->setScriptEngine(sc);

se::ScriptEngine* se = se::ScriptEngine::getInstance();
...
}
```

（2）se::Object::root/unroot 与 se::Object::incRef/decRef 的区别。

root/unroot 用于控制 JS 对象是否受 GC 控制，root 表示不受 GC 控制；unroot 则相反，表示交由 GC 控制。对一个 se::Object 来说，root 和 unroot 可以被调用多次，se::Object 内部有 _rootCount 变量用于表示 root 的次数。当 unroot 被调用，且 _rootCount 为 0 时，se::Object 关联的 JS 对象将交由 GC 管理。还有一种情况，即如果 se::Object 的析构被触发了，如果 _rootCount > 0，则强制把 JS 对象交由 GC 控制。

incRef/decRef 用于控制 se::Object 这个 CPP 对象的生命周期，用户可使用 se::HandleObject 来控制手动创建非绑定对象的方式控制 se::Object 的生命周期。因此，一般情况下，开发者不需要接触到 incRef/decRef。

（3）对象生命周期的关联与解除关联。

命令如下：

```
se::Object::attachObject/dettachObject
```

"objA->attachObject(objB);" 类似于 JS 中执行 "objA.__nativeRefs[index] = objB"，只有当 objA 被 GC 后，objB 才有可能被 " GC objA->dettachObject(objB);" 类似于 JS 中执行 "delete objA.__nativeRefs[index];"，这样 objB 的生命周期就不受 objA 控制了。

（4）cocos2d::Ref 子类与非 cocos2d::Ref 子类 JS/CPP 对象生命周期管理的区别。

目前引擎中 cocos2d::Ref 子类的绑定采用 JS 对象控制 CPP 对象生命周期的方式，这样做的好处是，解决了一直以来被诟病的需要在 JS 层 retain、release 对象的烦恼。

非 cocos2d::Ref 子类采用 CPP 对象控制 JS 对象生命周期的方式。此方式要求，CPP 对象销毁后，需要通知绑定层去调用对应 se::Object 的 clearPrivateData、unroot、decRef 的方法。JS 代码中一定要慎重操作对象，当有可能出现非法对象的逻辑中，要使用 cc.sys.isObjectValid 来判断 CPP 对象是否被释放了。

（5）绑定 cocos2d::Ref 子类的析构函数需要注意的事项。

如果在 JS 对象的 finalize 回调中调用 JS 引擎的 API，则可能导致崩溃。因为当前引擎正在进行垃圾回收的流程，无法被打断处理其他操作。 finalize 回调是告诉 CPP 层是否对应的 CPP 对象的内存，不能在 CPP 对象的析构中又去操作 JS 引擎 API。

如果必须调用，应该如何处理？

cocos2d-x 的绑定中，如果引用计数为 1 了，我们不使用 release，而是使用 autorelease 延时 CPP 类的析构到帧结束去执行。代码如下：

```
static bool js_cocos2d_Sprite_finalize(se::State& s){
    CCLOG("jsbindings: finalizing JS object %p (cocos2d::Sprite)",
s.nativeThisObject());
    cocos2d::Sprite* cobj = (cocos2d::Sprite*)s.nativeThisObject();
    if (cobj->getReferenceCount() == 1)
        cobj->autorelease();
    else
        cobj->release();
    return true;
}
SE_BIND_FINALIZE_FUNC(js_cocos2d_Sprite_finalize)
```

（6）不要在栈（Stack）上分配 cocos2d::Ref 的子类对象。

Ref 的子类必须在堆（Heap）上分配，即通过 new 创建，然后通过 release 来释放。当 JS 对象的 finalize 回调函数中统一使用 autorelease 或 release 来释放，如果是在栈上的对象，reference count 很有可能为 0，而这时调用 release，其内部会调用 delete，从而导致程序崩溃。所以为了防止这个行为的出现，开发者可以在继承于 cocos2d::Ref 的绑定类中，标识析构函数为 protected 或者 private，保证在编译阶段就能发现这个问题。

例如：

```
class CC_EX_DLL EventAssetsManagerEx : public cocos2d::EventCustom
{
    public:
...
private:
    virtual ~EventAssetsManagerEx() {}
    ...
};
// 编译阶段报错
EventAssetsManagerEx event(...);
dispatcher->dispatchEvent(&event);
// 必须改为
EventAssetsManagerEx* event = new EventAssetsManagerEx(...);
dispatcher->dispatchEvent(event);
event->release();
```

（7）如何监听脚本错误。

在 AppDelegate.cpp 中，通过 se::ScriptEngine::getInstance()->setExceptionCallback(...) 可设置 JS 层异常回调。

```
bool AppDelegate::applicationDidFinishLaunching()
{
```

```
...
se::ScriptEngine* se = se::ScriptEngine::getInstance();
  se->setExceptionCallback([](const char* location, const char*
message, const char* stack){
    // Send exception information to server like Tencent Bugly.
});
jsb_register_all_modules();
...
return true;
}
```

13.7　本章小结

本章介绍了最新版本的 JSB 2.0。JSB 绑定是 C++ 和脚本层之间进行对象的转换，并转发脚本层函数调用到 C++ 层的过程。JSB 2.0 在原始平台中提升性能是非常明显的，如原生 JS 引擎减小 iOS 包体 5MB，iOS 平台 JS 执行提升 5 倍，分代垃圾回收（Generational GC），避免卡顿；支持所有原生平台调试，使用上更加高效。

本章适合有 C++ 基础的读者，如果您还没有 C++ 基础，请自行学习 C++ 编程语言的相关基础知识。使用 JS 语言开发游戏应该可以应对 90% 的游戏类型，所以阅读本章感到困难的读者，对于本章讲解的知识有大概的了解和认识即可。

第 14 章　2048 游戏

截至本章，我们已经对 Cocos Creator 的相关知识进行了概括性的讲解。然而学习这些基础知识是为使用引擎开了一个头，灵活运用这些知识开发出好的游戏项目才是我们使用 Cocos Creator 引擎的目的。本部分将通过游戏实例进一步介绍 Cocos Creator 在游戏开发中的应用。通过游戏项目的学习，相信读者会对 Cocos Creator 和游戏开发有更深入的认识。

14.1　2048 游戏的特点

2048 是一款数字益智游戏，在操作方面则将一步一格的移动变成更为爽快的一次到底。相同数字的方框在靠拢、相撞时会相加。系统给予的数字方块不是 2 就是 4，玩家要想办法在这小小的 16 格范围中凑出 2048 这个数字方块。

本游戏未使用图片，通过颜色块实现游戏的基本功能，提供的素材中只包括了字体文件。

该游戏具有如下的特点。

● 场景搭建：场景的搭建关系到游戏代码的编写，甚至游戏资源的管理。

● 预制体：预制体的制作和初始化。

● 动作 Action：使用动作 Action 系统实现游戏元素的运动、游戏流程的控制。

● 触摸事件：为背景精灵 Sprite 添加触摸事件，如触摸移动、触摸抬起等事件的注册和处理。

14.2　2048 游戏简介

2048 是一款非常有趣的益智游戏，可能有些读者对游戏的具体规则还不是很清楚，下面就来做个具体的游戏规则介绍以及分享一些玩法技巧攻略。

14.2.1　2048 游戏规则

2048 游戏规则如下。

● 2048 游戏共有 16 个格子。

● 开始时棋盘内随机出现 2 ~ 3 个数字，初始时初始数字由 2 或者 4 构成。

● 手指向一个方向滑动，所有格子会向那个方向运动。

● 玩家可以选择上下左右四个方向，若棋盘内的数字出现位移或合并，视为有效移动。

●玩家选择的方向上若有相同的数字则合并，每次有效移动会全部合并。

●合并所得的所有新生成数字相加即为该步的有效得分。

●玩家选择的方向（行或列）前方有空格则出现位移。

●每有效移动一步,棋盘的空位(无数字处)随机出现一个数字(依然可能为2或4)。

●棋盘被数字填满,无法进行有效移动,判负,游戏结束。

●棋盘上出现 2048,游戏胜利,游戏结束。

玩法技巧基本原则有以下两个。

●最大数尽可能放在角落。

●数字按顺序紧邻排列。

初级技巧总结起来有以下几条。

●满足最大数和次大数在的那一列 / 行是满的。

●确定主次方向。

●时刻注意活动较大数（32 以上）旁边要有相近的数。

●不要急于"清理桌面"。

14.2.2　2048 游戏框架和界面

本游戏界面和流程比较简单，包括背景、标题、分数、16 个方格、每个方格通过一个 block 预制体添加到界面上。

游戏界面如图 14-1 所示。

14.3　2048 游戏模块的实现

Cocos Creator 提供了一套完整的从场景搭建到节点和组件创建的完整系统。无论是游戏界面还是游戏内部逻辑，都可以使用这套系统来实现。比如，可以以 Canvas 为基础容器，在场景中放置游戏节点 safe_node，safe_node 节点中加入按钮和精灵等子节点，这就构成了基础的游戏界面。

本节将介绍如何创建游戏工程，游戏的目录规划，资源导入，场景的搭建，游戏逻辑 JavaScript 编写，以及游戏的运行和调试。

图 14-1

14.3.1 创建工程

双击 Cocos Creator 图标，打开 Dashboard 面板，再单击【新建项目】标签，选择【空白项目】，设置相应的项目路径和项目名称 "2048game" （路径的最后一部分就是项目文件夹名称），然后单击【新建项目】按钮，如图 14-2 所示。

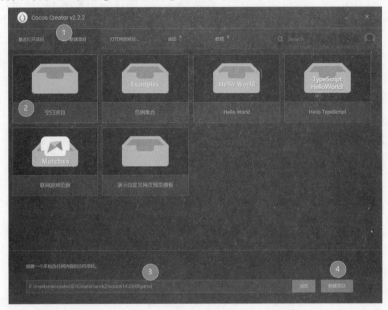

图 14-2

14.3.2 目录规划

游戏工程创建好之后，需要规划好工程的目录。一个好的游戏项目，需要有完善的目录结构规划。因为要将脚本、图片、音频、动画、场景、艺术字体等资源进行分开保存，所以将目录结构规划为 Script、Scene、Prefeb、Font 等目录。创建好的目录结果如图 14-3 所示。

图 14-3

14.3.3 资源导入

设计一款好的游戏离不开资源，如图片、音频、艺术字体等。本游戏需要用到一些艺术字体，通常是美术部门制作好之后发送到程序部门，所以我们只要导入这些资源，而不必考虑这些资源是如何制作的。

导入相关资源的资源如图 14-4 所示。

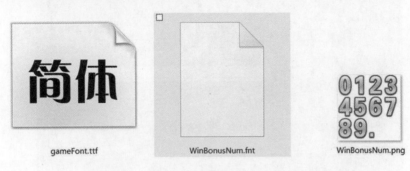

gameFont.ttf   WinBonusNum.fnt   WinBonusNum.png

图 14-4

资源包括 ttf 字，主要用来显示一些汉字，如"分数"。而 fnt 艺术字用于显示游戏中数字相关的文字，如分数、标题等。导入了资源之后的目录结构如图 14-5 所示。

图 14-5

14.3.4 搭建场景

本节开始搭建游戏场景。本游戏采用的设计分辨率为 720×1280 竖屏模式，所以场景中的 Canvas 根节点设置如图 14-6 所示。

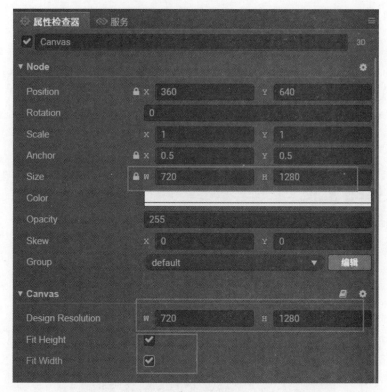

图 14-6

根据情况，选择适配策略。这里选择了 Fit Height 和 Fit Width 表示不管屏幕宽高比如何，都完整显示设计分辨率中的所有内容，且允许出现黑边。

创建好工程之后，引擎自动打开了一个场景，其中包括了 Canvas 和 Main Camera 节点。按 Ctrl + S 组合键，保存整个场景到刚刚创建的 Scene 目录中，并给场景起名为 game。

在后续的开发过程中，也需要经常的按 Ctrl + S 组合键，及时保存场景。

根据游戏的规则，我们需要设置背景图、标题、分数、游戏区域。

1. 创建 safe_node 容器节点

在 Canvas 节点下创建节点，修改节点名称为 safe_node，修改大小为 720×1280。本游戏所有的渲染节点都将作为 safe_node 节点的子节点。

2. 添加背景、标题、分数等 UI 层级结构

在 2D 游戏中，需要背景图片，通常采用和设计分辨率大小相同的图片。层级树结构如图 14-7 所示，说明如下。

图 14-7

- spr_bg：背景，颜色通过 node 节点的 color 属性设置。
- spr_bg/lbl_score_title：分数标题 Label，字体使用 gameFont 字体。
- spr_bg/lbl_score：分数值 Label，字体使用 gameFont 字体。
- lbl_title：游戏标题"2048"。
- spr_restart：游戏结束提示框，同时具有重新开始游戏的按钮功能。
- spr_restart/lbl_game_over：游戏结束提示框，颜色设置为红色，字体使用 gameFont 文字。
- spr_restart/btn_restart：重新开始按钮，按下和抬起效果中使用的 color 自行设置。
- spr_restart/btn_restart/lbl_restart：重新开始按钮的文字信息，颜色设置为绿色，字体使用 gameFont 文字。

关于每个节点的参数设置可以参考本章提供的游戏案例源码。

3. 游戏滑块预制体和逻辑代码

每个滑块都是一个预制体，创建与修改 block 预制体的方法如下。

（1）在 safe_node 节点下面创建一个 Sprite 节点，命名为 block，大小设置为 (200,200)。

（2）在 block 节点下创建一个 Label 子节点，命名为 lbl_number，字体使用 WinBonusNum.fnt，Font Size 和 Line Height 都设置为 50；水平和垂直都设置为 CENTER（居中显示）。

（3）拖动 block 节点到【资源管理器】的 Prefeb 目录中，这样就创建了 block 预制体。

（4）删除场景中的 block 节点。

（5）在【资源管理器】中双击 block 节点，就可以修改预制体了。

界面示意如图 14-8 所示。

图 14-8

【场景管理器】中有保存和关闭功能，可以对预制体进行修改、保存或关闭操作。

创建 JS 脚本对 block 预制体进行控制、Script 目录创建一个 JS 脚本，命名为 block.js，并将这个脚本挂到 block 预制体上（前提条件是先双击打开了此预制体）。

首先定义 12 个颜色值，表示当前 block 块的颜色，代码如下：

```
let colors = [];
colors[0] = cc.color("#fbffcd");
colors[2] = cc.color("#fffe91");
colors[4] = cc.color("#fffd68");
colors[8] = cc.color("#ffc719");
colors[16] = cc.color("#e1fcff");
colors[32] = cc.color("#b5fdff");
colors[64] = cc.color("#96ffce");
colors[128] = cc.color("#76eeff");
colors[256] = cc.color("#fac9ff");
colors[512] = cc.color("#fe96ff");
colors[1024] = cc.color("#ff64e4");
colors[2048] = cc.color("#ff28f3");
```

在 WebStorm 中可以使用工具提供的颜色选择功能调整颜色值，通过单击代码前面的颜色块打开颜色选择界面，再根据个人的喜好选择相应的颜色，最后单击 Choose 按钮，如图 14-9 所示。

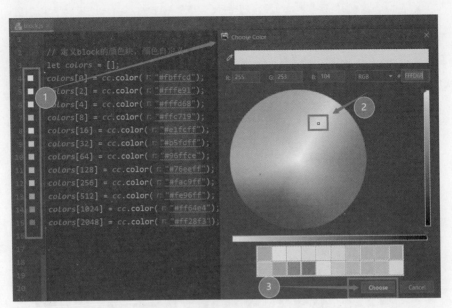

图 14-9

block.js 需要提供一个 Label 属性，以及修改当前 block 颜色和数字的函数 setNumber，具体代码如下：

```
cc.Class({
    extends: cc.Component,

    properties: {
        numberLabel: cc.Label,        // 当前 block 显示的数字
    },

    // 设置对应的数字和颜色
    // 参数 number 只能是 0, 2, 4, 8...1024, 2048 等数字
    setNumber(number) {
        if (number == 0) {
            this.numberLabel.node.active = false;
        } else {
            this.numberLabel.node.active = true;
        }

        this.numberLabel.string = number;

        // 颜色
        if (number in colors) {
            this.node.color = colors[number];
        }
```

```
    },
});
```

然后将 lbl_number 节点拖到 Number Label 上，如图 14-10 所示。

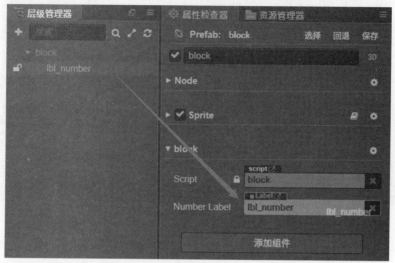

图 14-10

设置之后，单击【保存】按钮进行保存，如图 14-11 所示。

图 14-11

4. game 游戏逻辑初始化

在 Script 目录创建 game.js 脚本，然后挂到 Canvas 节点上。因为游戏需要 4 行 4 列，滑动的最小间隔等属性都需要定义一些变量。

下面开始编写一些初始化代码：

```
const ROWS = 4;              // 4 行 4 列
const NUMBERS = [2, 4];      // 初始化的时候只添加 2 或 4
const MIN_LENGTH = 50;       // 移动距离的最小值，大于这个值，判断为可以移动

cc.Class({
    extends: cc.Component,
    properties: {
        scoreLabel: cc.Label,    // 分数 Label
        score: 0,                // 分数
```

```
      blockPrefab: cc.Prefab,     // 分数模块预制体
      gap: 15,                    // block 间隔
      bg: cc.Node,                // 背景节点
      overPanel: cc.Node,         // 游戏结束面板

      //////////////////////
   _positionsNode: [],  // 保存实例化之后的 block 对象，空对象
   _data: [],           // 保存对应的数值 numbers 如 2,4,16, 2048；0 表示没有数字
   _blocks: null,  // 保存实例化之后的 block 对象，不是 0 的值；null 表示没有格子
      },
}
```

定义一些节点的变量引用如 scoreLabel，及其对 blockPrefeb 预制体的引用等。定义了之后，回到【属性检查器】依次进行初始化和设置相关的值，如图 14-12 所示。

图 14-12

下面开始初始化代码，如画背景，分数归零，清空所有的块：

```
start() {
   this.drawBgBlocks();
   this.init();
},
```

// 画背景：使用 block 预制体将其添加到 bg 节点上

227

```javascript
drawBgBlocks() {
    // 计算每个block块的宽度，注，需要减去5个间隔距离值
    this.blockSize = (cc.winSize.width - this.gap * (ROWS + 1)) / ROWS;
    let x = this.gap + this.blockSize / 2;
    let y = this.blockSize + this.blockSize / 2;

    // cc.warn(this.blockSize, x, y);    // 155 97.5 232.5
    this._positionsNode = [];
    for (let i = 0; i < ROWS; ++i) {
        this._positionsNode.push([0, 0, 0, 0]);
        for (let j = 0; j < ROWS; ++j) {                    //x 坐标在变
            let block = cc.instantiate(this.blockPrefab); // 初始化block预制体
            block.width = this.blockSize;
            block.height = this.blockSize;

            this._positionsNode[i][j] = block;    //positions 数组中 保存block对象
            this.bg.addChild(block);
            block.setPosition(cc.v2(x, y));
            block.getComponent('block').setNumber(0);
            x += this.gap + this.blockSize;

            // block.getComponent('block').setNumber(Math.pow( 2, i * ROWS + j));
        }
        y += this.gap + this.blockSize;
        x = this.gap + this.blockSize / 2;
    }
},

// 初始化，分数归零并清空所有块
init() {
    this.overPanel.active = false;
    this.updateScore(0);
    // 销毁对象，重新开始的时候需要重新初始化一遍
    if (this._blocks) {
        for (let i = 0; i < this._blocks.length; ++i) {
            for (let j = 0; j < this._blocks[i].length; ++j) {
                if (this._blocks[i][j] != null) {
                    this._blocks[i][j].destroy();
                }
            }
        }
```

```
    }

    this._blocks = [];
    this._data = [];
    for (let i = 0; i < ROWS; ++i) {
        this._blocks.push([null, null, null, null]);
        this._data.push([0, 0, 0, 0]);
    }

    // 刚刚开始的时候初始化 2 个 block
    this.addBlock();
    this.addBlock();
},

// 更新分数
updateScore(number) {
    this.score = number;
    this.scoreLabel.string = number.toString();
},

// 找出所有空闲的块（一维数组或字典），返回每个空位置坐标 i,j。 从左下角开始
getEmptyLocations() {
    let locations = [];
    for (let i = 0; i < this._blocks.length; ++i) {
        for (let j = 0; j < this._blocks[i].length; ++j) {
            if (this._blocks[i][j] == null) {
                locations.push({x: i, y: j});
            }
        }
    }
    return locations;
},
```

生成数字块的代码如下:

```
// 生成一个 block
addBlock() {
    let locations = this.getEmptyLocations();
    if (locations.length == 0) {
        return false;
    }
```

```
// 随机产生一个 index 位置
let index = locations[Math.floor(Math.random() * locations.length)];
let x = index.x;
let y = index.y;


let position = this._positionsNode[x][y];


let block = cc.instantiate(this.blockPrefab);
block.width = this.blockSize;
block.height = this.blockSize;
this.bg.addChild(block);
block.setPosition(position);


// 随机产生一个数字 2，或者 4
//Math.random() 返回一个值 [0, 1)
//Math.random() * NUMBERS.length 返回 [0, 2)
//Math.random() * NUMBERS.length 返回 [0, 2)
//Math.floor(Math.random() * NUMBERS.length) 返回 0 或 1
let number = NUMBERS[Math.floor(
Math.random() * NUMBERS.length
)];


block.getComponent('block').setNumber(number);
this._blocks[x][y] = block;
this._data[x][y] = number;
return true;
},
```

5. 事件监听器

用户与游戏进行交互可以通过事件监听器完成，触摸事件包括 touchstart、touchend、touchcancel 等。游戏开始的时候记录开始位置，end 或 cancel 的时候记录结束位置，然后结束位置和开始位置做减法，求出水平或垂直的方向，然后求出向左、向右，还是向上、向下。

在 start 中添加注册事件的函数 addEventHandler，代码如下：

```
start() {
    this.drawBgBlocks();
    this.init();
    this.addEventHandler();
},
```

```
// 添加事件监听器
addEventHandler() {
    // 滑动操作
    this.bg.on("touchstart", this.touchStart, this);
    this.bg.on('touchend', this.touchEnd, this);
    this.bg.on('touchcancel', this.touchEnd, this);
},

onDestroy() {
    this.bg.off("touchstart", this.touchStart, this);
    this.bg.off('touchend', this.touchEnd, this);
    this.bg.off('touchcancel', this.touchEnd, this);
},

// 触摸按下的位置
touchStart(event) {
    this.startPoint = event.getLocation();
},

touchEnd(event) {
    this.endPoint = event.getLocation();

    let vec = this.endPoint.sub(this.startPoint);
    if (vec.mag() > MIN_LENGTH) {
        if (Math.abs(vec.x) > Math.abs(vec.y)) {
            // 水平方向
            if (vec.x > 0) {
                this.moveLeft(false);    // 向右侧移动
            } else {
                this.moveLeft(true);     // 向左侧移动
            }
        } else {
            // 竖直方向
            if (vec.y > 0) {
                this.moveDown(false); // 向上移动
            } else {
                this.moveDown(true); // 向下移动
            }
        }
    }
},
```

6. 移动和合并

首先讨论左右移动，上下移动的逻辑与其类似，后续再讨论。

当用户左右滑动的时候，会调用 moveLeft(bLeft) 函数，bLeft 为 true 表示向左移动，bLeft 为 false 表示向右移动；如果已经移动到边界或者当前区域为 0，则结束移动；如果将要移动的下一个位置为 0，表示没有 block 块，则直接运行移动的逻辑；如果将要移动的下一个位置和自己的 block 值相同，则表示需要进行合并操作了。

具体逻辑代码如下：

```
// 移动动画
doMove(block, position, callback) {
    let duration = 0.1;
    let action = cc.moveTo(duration, cc.v2(position.x, position.y));
    let endCall = cc.callFunc(() => {
        callback();
    });

    block.stopAllActions();
    block.runAction(cc.sequence(action, endCall));
},


// 左右移动，所有的元素朝着一个方向移动
moveLeft(bLeft) {
    let hasMoved = false;
    let hasAdded = false;
    let step = 1;
    if (bLeft) {
        step = -1;
    }

    // 移动函数，x,y 分别表示行下标和列下标
    let moveLogic = (x, y, callback) => {
        // cc.warn(x,y, "####")
        if (
            (bLeft && y <= 0)
            || (!bLeft && y >= ROWS - 1)
            || this._data[x][y] == 0
        ) {
            // 已经移动到左右边界了，或者当前区域为 0，则结束移动
            callback();
            return;
        } else if (this._data[x][y + step] == 0) {
```

```
            //=== 移动 ===，这里只考虑第 2 列和第 3 列
            // 第 1 列和第 4 列在上面的 if 中已经处理了
            // 取当前块
            let block = this._blocks[x][y];
            // 目标位置的 block
            let positionNode = this._positionsNode[x][y + step];
            this._blocks[x][y + step] = block;
            this._data[x][y + step] = this._data[x][y];
            // 当前位置置空
            this._data[x][y] = 0;
            this._blocks[x][y] = null;
            // 移动动画
            this.doMove(block, positionNode, () => {
                    // 递归调用 --- 移动完之后，继续调用本函数
                    moveLogic(x, y + step, callback);
            });
            hasMoved = true;

    } else if (this._data[x][y] == this._data[x][y + step]) {
            //=== 合并 ===
            // 取当前块
            let block = this._blocks[x][y];
            let positionNode = this._positionsNode[x][y + step];
            // 移动后的位置引用当前块
            this._data[x][y + step] *= 2;
            this._data[x][y] = 0;

            this._blocks[x][y] = null;
    this._blocks[x][y + step].getComponent('block').setNumber(this._data[x]
[y + step]);

            // 移动动画
            this.doMove(block, positionNode, () => {
                    block.destroy();        // 合并之后需要销毁一个
                    callback();
            });
            hasAdded = true;
    } else {
            callback();
            return;
    }
```

```
    }

    // 非零值就将相关的位置放到 toMove 中
    // 非零元素的原始位置
    let toMove = [];
    for (let i = 0; i < ROWS; ++i) {
        for (let j = 0; j < ROWS; ++j) {
            if (this._data[i][j] != 0) {
                toMove.push({x: i, y: j});
            }
        }
    }

    // 统计之后执行 afterMove 函数
    let counter = 0;
    let doCount = (x, y) => {
        // 开始执行移动逻辑
        moveLogic(x, y, function() {
            counter++;
            //cc.warn("counter ", counter);
            // 最后一个移动完之后才运行下面逻辑
            if (counter == toMove.length) {
                this.afterMove(hasMoved || hasAdded);
            }
        }.bind(this));
    }

    if (bLeft) {
        // 向左移动
        for (let i = 0; i < toMove.length; ++i) {
            doCount(toMove[i].x, toMove[i].y);
        }
    } else {
        // 向右移动
        for (let i = toMove.length - 1; i >= 0; --i) {
            doCount(toMove[i].x, toMove[i].y);
        }
    }
},
```

同理，上下移动的逻辑类似，代码如下：

```
// 上下移动
```

```
moveDown(bDown) {
    let hasMoved = false;
    let hasAdded = false;
    let step = 1;
    if (bDown) {
        step = -1;
    }

    let moveLogic = (x, y, callback) => {
        if (
            (bDown && x <= 0)
            || (!bDown && x >= ROWS - 1)
            || this._data[x][y] === 0
        ) {
            callback();
            return;
        } else if (this._data[x + step][y] === 0) {
            // 移动
            // 取当前块
            let block = this._blocks[x][y];
            let positionNode = this._positionsNode[x + step][y];
            // 移动后的位置引用当前块
            this._blocks[x + step][y] = block;
            this._data[x + step][y] = this._data[x][y];
            // 当前位置置空
            this._data[x][y] = 0;
            this._blocks[x][y] = null;
            // 移动动画
            this.doMove(block, positionNode, () => {
                moveLogic(x + step, y, callback);
            });
            hasMoved = true;

        } else if (this._data[x][y] == this._data[x + step][y]) {
            // 合并
            // 取当前块
            let block = this._blocks[x][y];
            let positionNode = this._positionsNode[x + step][y];
            // 移动后的位置引用当前块
            this._data[x + step][y] *= 2;
            this._data[x][y] = 0;
```

```
                    this._blocks[x][y] = null;
        this._blocks[x + step][y].getComponent('block').setNumber(this._data[x +
step][y]);

                    // 移动动画
                    this.doMove(block, positionNode, () => {
                            block.destroy();
                            callback()
                    });
                    hasAdded = true;
            } else {
                    // callback && callback();
                    callback();

                    return;
            }
    }

    let toMove = [];
    for (let i = 0; i < ROWS; ++i) {
            for (let j = 0; j < ROWS; ++j) {
                    if (this._data[i][j] != 0) {
                            toMove.push({x: i, y: j});
                    }
            }
    }

    let counter = 0;
    let doCount = (x, y) => {
            moveLogic(x, y, () => {
                    counter++;
                    if (counter == toMove.length) {
                            this.afterMove(hasMoved || hasAdded);
                    }
            })
    }

    if (bDown) {
            for (let i = 0; i < toMove.length; ++i) {
                    doCount(toMove[i].x, toMove[i].y);
```

```
        }
    } else {
        for (let i = toMove.length - 1; i >= 0; --i) {
            doCount(toMove[i].x, toMove[i].y);
        }
    }
},
```

7. 统计分数和结束检测

统计分数的标准为：如果在一个方向进行了移动或合并，则计 1 分，判断标准是 hasMoved 或 hasAdded 为 true。这个值是上面的代码中最后一个 block 移动完之后传递的参数，只要发生了移动或合并，则就计分。

结束检测，需要分几种情况：如 block 块中出现了 2048，则表示玩家胜利，需要结束游戏；没有 2048 出现，但是所有的 block 块填满了 16 个格子，且相邻的格子不能合并，则游戏失败。我们采用逆向思维，只要排除了格子中有或者相邻的 2 个格子相同可以进行合并的情况，剩下的就是失败的情况了。

具体代码如下：

```
// 移动之后，失败检测
afterMove(hasMoved) {
    if (hasMoved) {
        this.updateScore(this.score + 1);
        this.addBlock();
    }
    if (this.checkGameOver()) {
        this.gameOver();
    }
},



// 检测是否游戏结束，返回 true 游戏结束；返回 false 游戏未结束
// 包括玩家胜利和失败都返回 true，读者自行优化
checkGameOver() {
    // 有 1 个 2048 就显示结算框
    for (let i = 0; i < ROWS; ++i) {
        for (let j = 0; j < ROWS; ++j) {
            let n = this._data[i][j];
            // 情况 1，有 2048 出现，表示游戏胜利
            if (n === 2048) {
                return true;
```

```
                }
            }
        }


        // 没有 2048 的情况, 再次检测是否游戏可以继续
        for (let i = 0; i < ROWS; ++i) {
            for (let j = 0; j < ROWS; ++j) {

                // 情况 1, 有一个为 0 表示依然可以继续移动
                let n = this._data[i][j];
                if (n === 0) {
                    return false;
                }

                // 情况 2, n 与左侧的值相同, 则可以合并
                if (j > 0 && this._data[i][j - 1] === n) {
                    return false;
                }

                // 情况 3, n 与右侧的值相同, 则可以合并
                if (j < ROWS - 1 && this._data[i][j + 1] === n) {
                    return false;
                }

                // 情况 4, n 与下方的值相同, 则可以合并
                if (i > 0 && this._data[i - 1][j] === n) {
                    return false;
                }

                // 情况 5, n 与上方的值相同, 则可以合并
                if (i < ROWS - 1 && this._data[i + 1][j] === n) {
                    return false;
                }
            }
        }

    return true;
},
```

8. 游戏结束界面

本案例将胜利和失败统一用了一个界面表示，读者可以自行完成区分胜利和失败的情况，然后分别弹出不同的界面。

弹出结算面板的算法比较简单，将对应节点的 active 属性设置为 true 即可：

```
// 游戏结束面板
gameOver() {
    cc.log("game over");
    this.overPanel.active = true;
},
```

9. 重新开始逻辑

重新开始游戏的逻辑，上面已经写好了，只要再次调用 init 方法，然后在【属性检查器】中将 btn_restart 中 Button 组件的 Click Events 事件绑定到 init 方法即可，如图 14-13 所示。

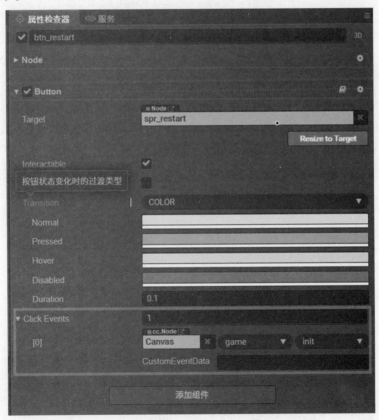

图 14-13

10. 游戏运行

编写好代码之后，使用浏览器运行查看效果，如图 14-14 所示。

图 14-14

14.4　本章小结

本章介绍了一款流行的益智类游戏 2048 的实现过程。本章学习了采用 Cocos Creator 基本知识实现游戏功能的方法和相关算法，读者可以自己实现相关的功能并进一步修改。

第 15 章 飞机大战游戏

本章将通过游戏实例进一步介绍 Cocos Creator 的应用。相信通过本章的学习，你会了解物理碰撞系统在游戏中的应用。

15.1 飞机大战游戏的特点

飞机大战是一款飞行射击类休闲游戏，界面简洁流畅，玩家易于上手，适合全年龄段的玩家，并且经过了多年沉淀，累积了大量的用户。

该游戏具有以下的特点。

●碰撞系统：物理碰撞及其碰撞分组配对，使用编辑器调整碰撞区域和碰撞生命周期函数的使用。

●预制体：预制体的创建和销毁。

●定时器：子弹发射定时器的使用。

●动画：Animation 动画编辑器的使用。

●音效：游戏音效的使用。

15.2 飞机大战游戏简介

飞机大战是一款非常有趣的休闲游戏，可能有些读者对游戏的具体规则还不是很清楚，下面进行具体的介绍。

15.2.1 飞机大战游戏规则

●玩家单击并移动自己的飞机，在躲避迎面而来的其他飞机时，飞机通过发射炮弹打掉其他飞机来赢取分数。

●被其他飞机的子弹打中，游戏就结束。

●界面中会显示此次玩家的飞机大战分数。

●敌人的飞机会以不同的阵型出现，玩家操控自己的飞机发射子弹，将敌机击中即可得分。

15.2.2 飞机大战游戏框架和界面

本游戏界面和流程比较简单，包括星空背景、玩家飞机、敌人飞机群、分数和登记等功能。其中敌机、敌机机群、子弹等都是预制体，这样可以更加灵活地创建敌机和子弹。

游戏界面如图 15-1 所示。

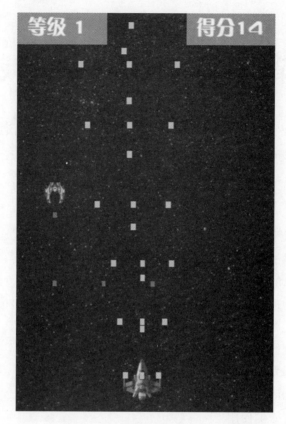

图 15-1

15.3 飞机大战游戏模块的实现

Cocos Creator 提供了一套完整的从场景搭建到节点和组件创建的完整系统。无论是游戏界面还是游戏内部逻辑，都可以使用这套系统来实现。

本节将介绍如何创建游戏工程，游戏的目录规划，资源导入，场景的搭建，游戏逻辑 JavaScript 编写，以及游戏的运行和调试。

15.3.1 创建工程

双击 Cocos Creator 图标，打开 Dashboard 面板，再单击【新建项目】标签，选择【空白项目】，设置相应的项目路径和项目名称 "plane"（路径的最后一部分就是项目文件夹名称），然后单击【新建项目】按钮，如图 15-2 所示。

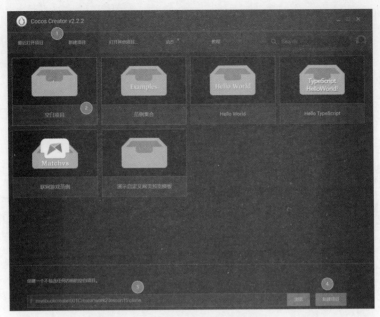

图 15-2

15.3.2 目录规划

一个好的游戏项目，需要有完善的目录结构规划。游戏工程创建好之后，我们会将脚本、图片、音频、动画、场景、艺术字体等资源分开保存到不同的目录中。

我们将目录结构规划为 anim、font、prefeb、scenes、script、sounds、textures 等目录。创建好的目录结构如图 15-3 所示。

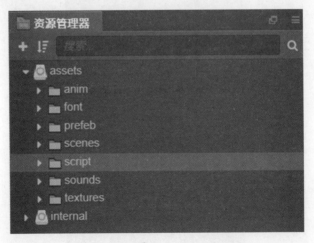

图 15-3

15.3.3 资源导入

本游戏需要用到一些艺术字体，通常情况下是美术部门制作，程序员只需要导入这些资源就可以了，不必过多考虑这些资源是如何制作的。

导入的相关资源如图 15-4 所示。

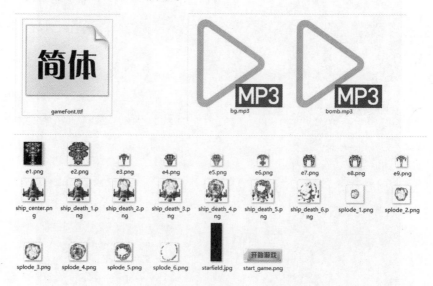

图 15-4

这些资源包括 ttf 字，主要用来显示一些汉字，如"等级"和"得分"。而 MP3 音频用于背景音效和击中爆炸效果。

导入资源之后的目录结构如图 15-5 所示。

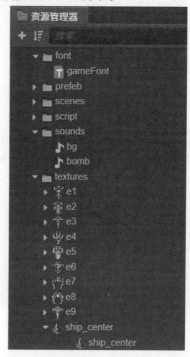

图 15-5

15.3.4　搭建场景

下面开始搭建游戏场景。本游戏采用的设计分辨率为 400×600 的竖屏模式。根据实际情况，选择适配策略，这里选择了 Fit Height 和 Fit Width，即不管屏幕宽高比如何，都完整显示设计分辨率中的所有内容且允许出现黑边。

在创建好工程之后，引擎会自动打开一个场景，其中包括了 Canvas 和 Main Camera 节点。做游戏开发要养成及时保存的习惯，按 Ctrl + S 组合键可以保存整个场景到刚刚创建的 Scene 目录中，并将场景命名为 game_scene。

在后续的开发过程中，也需要经常按 Ctrl + S 组合键来保存场景。

1. 添加游戏节点

在 2D 游戏中，需要背景图片，本游戏的背景需要有滚动效果，以模拟飞机飞行时的景色移动，所以本案例背景图片的大小要比设计分辨率高一些。

层级树结构如图 15-6 所示，说明如下。

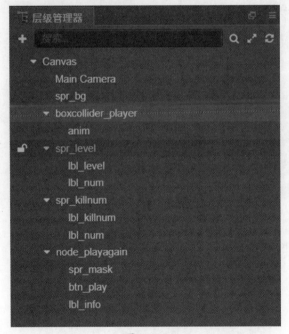

图 15-6

- spr_bg：背景图片，同时需要挂接一个 Animation 动画组件，以控制 y 坐标上下移动。
- boxcollider_player：BoxCollider 碰撞组件。
- boxcollider_player/anim：包含玩家飞机帧动画组件的节点。
- spr_level：等级容器，需要带一个 Widget 组件，左上角对齐父容器即可。
- spr_level/lbl_level："等级" 2 个字，带有 Label 组件，且指向 gameFont.ttf 字体。
- spr_level/lbl_num：等级的数值，带有 Label 组件，且指向 gameFont.ttf 字体。
- spr_killnum：得分容器，需要带一个 Widget 组件，左上角对齐父容器即可。
- spr_killnum/lbl_level："得分" 2 个字，带有 Label 组件，且指向 gameFont.ttf 字体。

- spr_killnum/lbl_num：得分的数值，带有 Label 组件，且指向 gameFont.ttf 字体。
- node_playagain：结算面板容器。
- node_playagain/spr_mask：灰色蒙版层。
- node_playagain/btn_play：重新开始游戏的按钮，后续会绑定相关的重新开始游戏的逻辑代码。
- node_playagain/btn_info："您被击中了"提示信息，带有 Label 组件，且指向 gameFont.ttf 字体。

关于每个节点的参数设置可以参考本章提供的游戏案例源码。

2. 添加分组和碰撞配对

选择【项目】→【项目设置】→【分组管理】选项，单击【添加分组】按钮，将新添加的 Group 依次命名为 play、enemy、play_bullet、enemy_bullet，分别表示玩家组、敌人组、玩家子弹组、敌机子弹组，具体设置如图 15-7 所示。

图 15-7

然后在 boxcollider_player 节点的【属性检查器】中将 boxcollider_player 节点归类到 play 组中，如图 15-8 所示。

图 15-8

提示：单击旁边的【编辑】按钮，可以打开【分组管理】设置界面。

下面设置碰撞分组配对。游戏中玩家飞机可以被敌机和敌机子弹击中，玩家子弹可以击中敌机，即 play 与 enemy 可以产生碰撞，play 与 enemy_bullet 可以产生碰撞，play_bullet 与 enemy 可以产生碰撞。在设置界面中勾选相应碰撞组即可，如图 15-9 所示。

图 15-9

3. 玩家子弹预制体和逻辑代码

子弹分为两种，分别为玩家子弹和敌机子弹，所以需要分别创建和编码。先创建玩家子弹。

（1）在 Canvas 节点下面创建 Sprite 节点，命名为 bullet，分组到 play_bullet，Size 设置为（6，8）。

（2）节点颜色设置为（233，207，14，255）。

（3）添加 BoxCollider 组件，设置如图 15-10 所示。

图 15-10

勾选 Editing 复选框，可以使用鼠标进行编辑，拖动绿色区域可以移动位置或在绿色区域的边缘修改碰撞区域的大小，如图 15-11 所示。

图 15-11

（4）添加 AudioSource 组件，并指向 bomb 音频，如图 15-12 所示。

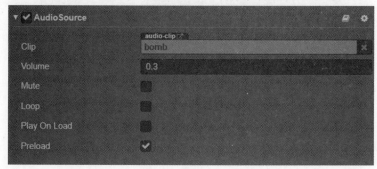

图 15-12

（5）将 bullet 节点用鼠标拖到【资源管理器】的 prefeb 目录中。

（6）删除场景中的 bullet 节点。

（7）开始编写 bullet 组件的脚本，在 script 目录中创建 JavaScript 脚本，命名 bullet.js，并将其挂接到 bullet 节点上。代码如下：

```javascript
// 玩家子弹对象
cc.Class({
    extends: cc.Component,

    properties: {
        speed_x: 0,
        speed_y: 400,          // 子弹垂直速度
        _audioSource: null,   // 子弹发射音效文件
    },

    onLoad () {
        this._audioSource = this.node.getComponent(cc.AudioSource);
    },
```

248

```
// 碰撞事件
onCollisionEnter(other, self) {
    this.node.removeFromParent();
    this._audioSource.play();
},

// called every frame, uncomment this function to activate update callback
update (dt) {
    this.node.x += this.speed_x * dt;
    this.node.y += this.speed_y * dt;

    if (this.node.y >= 310 || this.node.x >= 210 || this.node.x <= -210) {
        this.node.removeFromParent();
        return;
    }
},
});
```

其中定义了 2 个变量 speed_x 和 speed_y 表示子弹的水平和垂直速度；_audioSource 变量表示爆炸声，当发生碰撞的时候，onCollisionEnter 会播放这个音效。

到此为止，玩家的子弹预制体制作完成。详细的参数配置，读者可以参考本章提供的游戏源码。

4. 敌机子弹预制体和逻辑代码

同理，创建敌机的子弹节点，命名为 enemy_bullet，设置分组为 enemy_bullet。这里只介绍一下相关的逻辑代码，其余的参数参考玩家子弹设置或参考本章提供的游戏工程。

```
// 敌人发射的子弹
cc.Class({
    extends: cc.Component,

    properties: {
        speed_x: 0,
        speed_y: -200,
        _audioSource: null,
    },

    onLoad () {
        this._audioSource = this.node.getComponent(cc.AudioSource);
    },
```

```
onCollisionEnter(other, self) {
    this.node.removeFromParent();
    this._audioSource.play();
},

update (dt) {
    this.node.x += this.speed_x * dt;
    this.node.y += this.speed_y * dt;
    //console.log(this.node.x, this.node.y);
    if (this.node.y < -1200) {
        this.node.removeFromParent();
    }
},
});
```

5. 敌机组预制体和相关逻辑代码

首先创建一个单独的 enemy 敌机节点，敌机组可以设置为一个空节点容器，其子节点为 N 个 enemy 节点即可完成敌机组的设置，位置和相关的敌机图片根据个人习惯来进行调整。

大体步骤类似前文介绍的步骤，创建敌机节点，命名为 enemy，设置分组为 enemy，并添加 BoxCollider 组件，调整碰撞区域。

这里介绍一下相关的逻辑代码，其余的参数参考本章提供的游戏工程。

```
cc.Class({
    extends: cc.Component,

    properties: {
        enemy_skin: {
            default: [],
            type: cc.SpriteFrame,
        },

        enemy_bullet_prefab: cc.Prefab,       // 敌机子弹预制体
    },

    onLoad () {
        this.speed_x = 0;
        this.speed_y = -200;
```

```
    this.game_scene = cc.find("Canvas").getComponent("game_scene");
        this.flag = 0;
    },


    start () {
        this._set_enemy_idle();
        this.schedule(this.shoot_enemy_bullet.bind(this), 1);
    },


    // 随机产生 2 个
    _set_enemy_idle () {
        let skin_type = Math.random() * 9 + 1;
        skin_type = Math.floor(skin_type);
        if (skin_type >= 10) {
            skin_type = 9;
        }
            this.getComponent(cc.Sprite).spriteFrame = this.enemy_
skin[skin_type - 1];
        },


    shoot_enemy_bullet () {
        let enemy_bullet = cc.instantiate(this.enemy_bullet_prefab);

        this.node.parent.addChild(enemy_bullet);

        enemy_bullet.x = this.node.x;
        enemy_bullet.y = this.node.y;
    },


shoot_forever () {
        this.schedule(this.shoot_enemy_bullet.bind(this), 0.5)
    },


    // 敌机被玩家子弹打中
    onCollisionEnter (other, self) {
        // 敌机消失动画 - 删除敌机 - 添加分数
        this.getComponent(cc.Animation).play();
        this.scheduleOnce(function () {
            this.node.removeFromParent();
    }, 0.25);
```

```
        this.game_scene.add_score();
    },

    update (dt) {
        this.node.x += this.speed_x * dt;
        this.node.y += this.speed_y * dt;

        if (this.node.y < -1000) {
            this.node.removeFromParent();
        }
    },
});
```

回到【属性编辑器】为刚刚创建的脚步变量赋值，如图 15–13 所示。

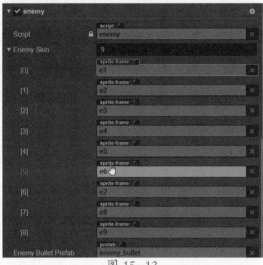

图 15–13

关于敌机组，可以多创建几组。可创建一个空节点 enemy_group1，然后将 enemy 预制体拖入 enemy_group1 节点下作为其子节点，重复此操作，共拖入 3 ~ 4 个 enemy 预制体即可，然后根据个人喜好调整每个 enemy 的位置，完成一组敌机组的阵型，如图 15–14 所示。

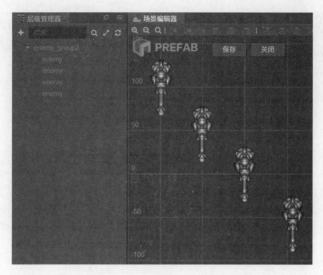

图 15-14

可以尝试多创建几组，如 enemy_group1、enemy_group2、enemy_group3、enemy_group4 等。

6. 为敌机和玩家添加帧动画

敌机和玩家在被击中死亡的时候都会播放一段帧动画，这个动画可以通过 Cocos Creator 提供的编辑器快速完成。

下面演示如何为 enemy 预制体添加动画。

（1）打开 enemy 组件，为其添加 Animation 动画组件。

（2）在 anim 目录中新建"Animation Clip"，并将其添加到 Animation 组件的 Default Clip 和 Clips[0] 中。

（3）打开【动画编辑器】，单击最左侧按钮，进入编辑界面，如图 15-15 所示。

图 15-15

（4）在下方的工具栏中单击 Add Property 按钮，添加属性 cc.Sprite.spriteFrame。

（5）下方的 Sample 设置为 14，Speed 设置为 1。

（6）在【资源管理器】依次选中 splode_1~6 图片，一起拖到【动画编辑器】的 0:00 位置，放开鼠标，编辑器会自动创建每一帧一张图片的帧动画，如图 15-16 所示。

图 15-16

拖动成功之后的效果如图 15-17 所示。

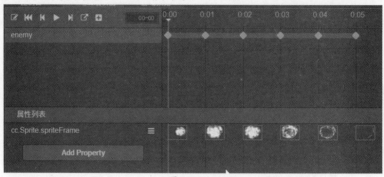

图 15-17

（7）单击【动画编辑器】中最左侧的按钮，关闭动画编辑界面。

采用同样的步骤，为玩家飞机也增加一个动画 boxcollider_player/anim，具体步骤参考本章提供的案例代码。

7. 碰撞系统使能及碰撞系统回调

Cocos Creator 中内置了一个简单易用的碰撞检测系统，它会根据添加的碰撞组件进行碰撞检测。

当一个碰撞组件被启用时，这个碰撞组件会被自动添加到碰撞检测系统中，并搜索能够与它进行碰撞的其他已添加的碰撞组件来生成一个碰撞对。

需要注意的是，一个节点上的碰撞组件，无论如何都是不会相互进行碰撞检测的。

默认碰撞检测系统是禁用的，如果使用，则需要使用代码来开启碰撞检测系统。

默认碰撞检测系统的 debug 绘制也是禁用的，如果使用则需要使用代码开启 debug 绘制。

代码如下：

```
onLoad () {
```

```
// 使能物理碰撞
let manager = cc.director.getCollisionManager();
manager.enabled = true;                     // 开启碰撞
if (this.is_debug) {
        manager.enabledDebugDraw = true; // 调试绘制状态
}
}
```

开启了 Debug 绘制的碰撞体会有碰撞盒的显示，如图 15-18 所示。

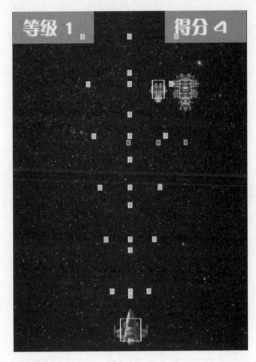

图 15-18

当碰撞系统检测到有碰撞产生时，将会以回调的方式通知使用者。如果产生碰撞的碰撞组件依附的节点下挂的脚本中实现有回调函数，则会自动调用以下函数，并传入相关的参数：

```
/**
 * 当碰撞产生的时候调用
 * @param   {Collider} other 产生碰撞的另一个碰撞组件
 * @param   {Collider} self   产生碰撞的自身的碰撞组件
 */
onCollisionEnter: function (other, self) {
```

```
    }

    /**
     * 当碰撞产生后，碰撞结束前的情况下，每次计算碰撞结果后调用
     * @param  {Collider} other  产生碰撞的另一个碰撞组件
     * @param  {Collider} self   产生碰撞的自身的碰撞组件
     */
    onCollisionStay: function (other, self) {

    },
    /**
     * 当碰撞结束后调用
     * @param  {Collider} other 产生碰撞的另一个碰撞组件
     * @param  {Collider} self  产生碰撞的自身的碰撞组件
     */
    onCollisionExit: function (other, self) {

    }
```

本游戏使用 onCollisionEnter 函数即可完成相关的逻辑功能，如 bullet.js 和 enemy_bullet.js 子弹逻辑代码在发生碰撞的时候，会销毁自己，然后播放一个音效。代码如下：

```
onCollisionEnter(other, self) {
    this.node.removeFromParent();
    this._audioSource.play();

},
```

enemy.js 脚本是敌机的逻辑，它会播放音效，添加分数，使用 scheduleOnce 启动一个定时器销毁自己，这是因为需要播放敌机被击中动画过程的时间。代码如下：

```
// 敌机被玩家子弹打中
onCollisionEnter (other, self) {
    // 敌机消失动画 --- 删除敌机 --- 添加分数
    this.getComponent(cc.Animation).play();
    this.scheduleOnce(function () {
            this.node.removeFromParent();
    }, 0.25);
    this.game_scene.add_score();
},
```

8. 玩家飞机逻辑

在 script 目录中创建 play.js 脚本，此脚本的作用是添加触摸事件，让玩家飞机随鼠标或手指滑动进行相应的移动，同时会处理子弹发射逻辑和碰撞 onCollisionEnter 过程。代码如下：

```javascript
//play.js
cc.Class({
    extends: cc.Component,

    properties: {
        bullet_prefab: cc.Prefab,    // 玩家子弹预制体
    },

    onLoad() {

        this.anim = this.node.getChildByName("anim");

        // 获得触摸移动事件
        this.node.on(cc.Node.EventType.TOUCH_MOVE, function (t) {
            let offset = t.getDelta();
            this.node.x += offset.x;
            this.node.y += offset.y;
            if (this.node.x >= 180) {
                this.node.x = 180;
            }
            if (this.node.x <= -180) {
                this.node.x = -180;
            }
            if (this.node.y <= -280) {
                this.node.y = -280;
            }
        }, this);

        this.palyAgain = cc.find("Canvas/node_playagain");
    },

// 碰撞 -- 被子弹打中
onCollisionEnter(other, self) {
    //console.log("=============== 碰撞成功 ");
    // 停止发射子弹
```

```
    this.unscheduleAllCallbacks();
    // 播放死亡动画
    this.anim.getComponent(cc.Animation).play();
    this.scheduleOnce(function () {
            this.node.removeFromParent();
            this.palyAgain.active = true;
    }, 0.65);
},

    play_shoot_more_bullet() {
        this.schedule(this._shoot_more_bullet.bind(this), 0.20);
    },


    // 发射多枚子弹
    _shoot_more_bullet() {
        let bullet = [];

        for (let i = 0; i < 4; i++) {
            bullet[i] = cc.instantiate(this.bullet_prefab);
            this.node.parent.addChild(bullet[i]);
        }
        bullet[0].x = this.node.x;
        bullet[0].y = this.node.y;

        bullet[1].x = this.node.x - 25;
        bullet[1].y = this.node.y;
        bullet[1].getComponent("bullet").speed_x = -45;

        bullet[2].x = this.node.x + 25;
        bullet[2].y = this.node.y;
        bullet[2].getComponent("bullet").speed_x = 45;

        bullet[3].x = this.node.x;
        bullet[3].y = this.node.y;
        bullet[3].getComponent("bullet").speed_y = 350;
    },
});
```

　　将这个脚本挂接到 boxcollider_player 节点上，并将玩家子弹预制体 bullet 添加到对应的属性值上。

9. 游戏主逻辑 game_scene

在 script 目录中创建 game_scene.js 脚步，并将此脚本挂接到 Canvas 上。本脚本主要负责敌机组预制体，使能物理碰撞，开发物理碰撞区域调试，分数和级别显示，游戏重新开始逻辑产生敌人机组。

相关的业务逻辑代码如下：

```javascript
cc.Class({
    extends: cc.Component,

    properties: {
        is_debug: false,        // 打开物理碰撞区域调试开关

        groups_prefab: {        // 敌机组预制体
            default: [],
            type: cc.Prefab,
        },

        // 分数和级别
        scoreLabel: cc.Label,        // 分数
        levelLabel: cc.Label,        // 级别
        game_level: 1,
    },

    onLoad () {
        // 使能物理碰撞
        let manager = cc.director.getCollisionManager();
        manager.enabled = true; // 开启碰撞
        if (this.is_debug) {
            manager.enabledDebugDraw = true; // 调试绘制状态
        }

        this.kill_num = 0;
    this.lv = 25;

        this.player = cc.find("Canvas/boxcollider_player").
getComponent("play");
        this.playagain = cc.find("node_playagain", this.node);
        this.playagain.zIndex = 100;
        this.playagain.active = false;
    },
```

```
    start() {
        // 随机产生一组敌人
        this._gen_random_group();
        // 玩家发射子弹
        this.player.play_shoot_more_bullet();
    },

    // 击杀一个玩家得一分
    add_score() {
        this.kill_num ++;
        this.scoreLabel.string = "" + this.kill_num;
        if (this.kill_num >= this.lv) {
            this.lv += 20;      // 击杀的玩家越多，等级越高
            // 击杀的玩家越多，等级越高
            this.game_level ++;
            this.levelLabel.string = "" + this.game_level;
        }
    },

    // 随机 & 无限的产生一组敌人
    _gen_random_group() {
        let g_type = Math.random() * this.groups_prefab.length + 1;
        g_type = Math.floor(g_type);
        if (g_type >= this.groups_prefab.length) {
            g_type = this.groups_prefab.length;
        }
        let g = cc.instantiate(this.groups_prefab[g_type - 1]);
        this.node.addChild(g);
        g.x = (Math.random() - 0.5) * 200;
        g.y = (Math.random()) * 100 + 500;
        //[2, 4) 秒时间间隔
        this.scheduleOnce(this._gen_random_group.bind(this), Math.random()
* 2 + 2);
    },
    // 单击重玩按钮
    play_again() {
        cc.director.loadScene("game_scene");

    },
});
```

挂接到 Canvas 之后，设置相关的值如图 15-19 所示。

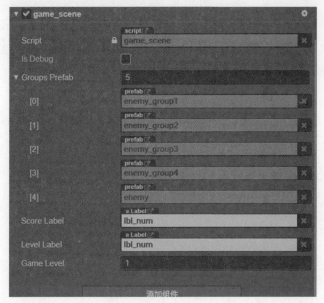

图 15-19

10. 游戏运行

编写好了代码之后，使用浏览器运行可以看到运行效果，如图 15-20 所示。

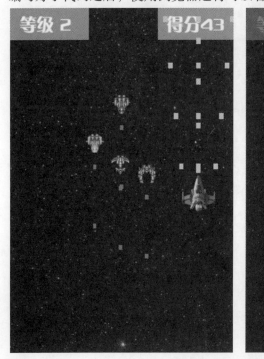

图 15-20

15.4　本章小结

本章介绍了飞机大战游戏的实现过程。本章学习了使用 Cocos Creator 物理碰撞及其碰撞分组配对，使用编辑器调整碰撞区域和碰撞生命周期函数，并学习了预制体的创建和销毁，以及使用动画编辑器快速创建帧动画的方法。

第 16 章　飞刀手游戏

本章将通过游戏实例进一步介绍 Cocos Creator 的应用。通过本章的学习，你会了解物理碰撞系统在游戏中的应用，以及三角的数学知识在游戏中的应用。

16.1　飞刀手游戏的特点

飞刀手游戏是一款全新的休闲类手游，它采用创新的玩法，轻松易上手，有趣的竞技定能给玩家们带来前所未有的休闲手游体验。

该游戏具有以下的特点。

●碰撞系统：物理碰撞及其碰撞分组配对，使用编辑器调整碰撞区域和碰撞生命周期函数的使用。

●预制体：预制体的创建和销毁。

●定时器：子弹发射定时器的使用。

●动画：Animation 动画编辑器的使用。

●音效：游戏音效的使用。

●触摸事件：给节点添加 touchstart 触摸事件的方法。

●数学知识：三角函数在游戏中的使用。

16.2　飞刀手游戏简介

16.2.1　飞刀手游戏规则

●只要触碰手机屏幕，就能将下方的刀飞出去。

●每一局会提供不同的飞刀数。

●将飞刀全部插到转动的西瓜上即算过关，最后一把飞刀插到滚木上时，游戏胜利。

●投出的飞刀不能投到西瓜上已有的飞刀上，否则游戏结束。

●游戏根据插在西瓜上的飞刀总数来计算得分数。

16.2.2　飞刀手游戏框架和界面

本游戏界面和流程比较简单，包括游戏背景、旋转西瓜、分数和玩家的飞刀等功能。游戏界面如图 16-1 所示。

图 16-1

16.3 飞刀手游戏模块的实现

本节将介绍如何创建游戏工程，游戏的目录规划，资源导入，场景的搭建，游戏逻辑 JavaScript 编写，以及游戏的运行。

16.3.1 创建工程

双击 Cocos Creator 图标，打开 Dashboard 面板，再单击【新建项目】标签，选择【空白项目】，设置相应的项目路径和项目名称"flyKnife"（路径的最后一部分就是项目文件夹名称），然后单击【新建项目】按钮完成创建，如图 16-2 所示。

图 16-2

16.3.2　目录规划

游戏工程创建好之后，需要有完善的目录结构规划，以便将脚本、图片、音频、动画、场景、艺术字体等资源进行分开保存。

我们将目录结构规划为 animation、audio、images、prefeb、scene、script 等结构。创建好的目录结构如图 16-3 所示。

图 16-3

16.3.3　资源导入

本游戏需要用到一些图片、音频、TTF 字体等资源，我们只要将这些资源一一导入就可以了。

导入的相关音频和图片资源如图 16-4 所示。

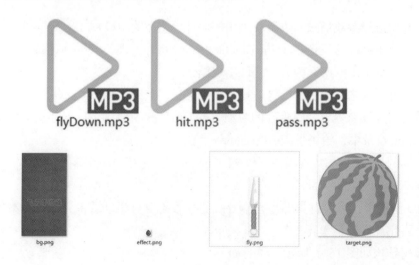

图 16-4

●音频资源：飞刀击中西瓜音效、飞刀下落音效和游戏通过音效。

●图片资源：游戏背景图片、特效图片、飞刀图片和西瓜图片。

导入资源之后的目录结构如图 16-5 所示。

图 16-5

16.3.4 搭建场景

下面开始搭建游戏场景。本游戏采用的设计分辨率为 640×1136 竖屏模式。根据情况，选择适配策略，这里选择了 Fit Height 和 Fit Width，即不管屏幕宽高比如何，都完整显示设计分辨率中的所有内容，允许出现黑边。

在创建好工程之后，引擎会自动打开一个场景，其中包括了 Canvas 和 Main Camera 节点。做游戏开发要养成及时保存的习惯，按 Ctrl + S 组合键可以保存整个场景到刚刚创建的 Scene 目录中，给场景起名为 game。

在后续的开发过程中，也需要经常按 Ctrl + S 组合键来及时保存场景。

1. 添加游戏节点

在 2D 游戏中，需要背景图片，本游戏的背景需要有滚动效果，所以本案例背景图片的大小要比设计分辨率高一些。

层级树结构如图 16-6 所示，说明如下。

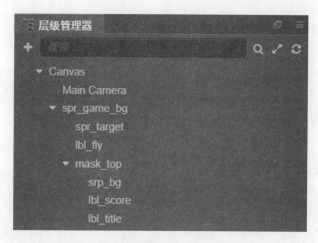

图 16-6

● spr_game_bg：背景图片，下面包括所有的游戏节点。

● spr_game_bg/spr_target：西瓜图片，包括 CircleCollider 碰撞体，同时包括 Animation 动画组件。

● spr_game_bg/lbl_fly：底部飞刀数显示 Label，如 3/10。

● spr_game_bg/mask_top：顶部得分的容器节点。

● spr_game_bg/mask_top/srp_bg：得分区域的背景图。

● spr_game_bg/mask_top/lbl_score：游戏具体的分数值。

● spr_game_bg/mask_top/lbl_title："得分"标题。

关于每个节点的参数设置可以参考本章提供的游戏案例源码，其他的节点包括飞刀等节点，是通过预制体完成的，后续会介绍。

2. 添加分组和碰撞配对

选择【项目】→【项目设置】→【分组管理】选项，单击【添加分组】按钮，将新组依次命名为 flyKnife、target、flyKnifeEnd，分别表示发射的飞刀组、西瓜组、西瓜上的飞刀组（已经插在西瓜上的飞刀），具体设置如图 16-7 所示。

图 16-7

然后在 spr_target 节点的【属性检查器】中将 spr_target 节点归类到 target 组中，如图 16-8 所示。

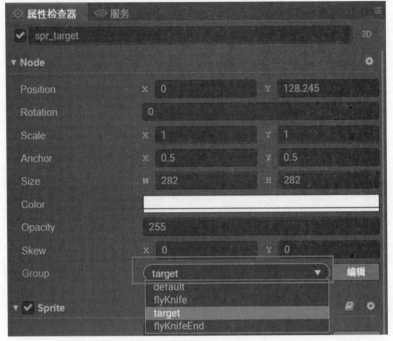

图 16-8

提示：单击旁边的【编辑】按钮可以打开【分组管理】设置界面。

下面设置碰撞分组配对。本游戏中飞刀可以插入目标西瓜 spr_target，飞刀可以和插在西瓜上的飞刀碰撞（这种表示游戏失败）发生碰撞。所以在设置界面中勾选相应的碰撞组即可，设置如图 16-9 所示。

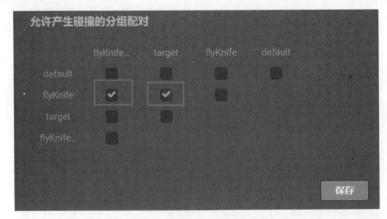

图 16-9

3. 西瓜目标抖动和旋转效果

当飞刀插入西瓜的时候，西瓜需要实现抖动效果，这可以通过代码实现。

在 script 目录中创建 targetShake.js 脚本，并挂接到 spr_target 上。当飞刀插入西瓜的时候，会发生碰撞，就可以通过碰撞函数作为入口。

具体代码如下：

```
cc.Class({
    extends: cc.Component,

    properties: {
    },

    // 碰撞检测
    onCollisionEnter(other, self) {
        // 西瓜产生抖动效果
        let seq = cc.sequence(cc.moveBy(0.02, 0, 20), cc.moveBy(0.02, 0,
-20));

        this.node.runAction(seq);
    },
});
```

在代码中，在很短的时间 (0.02 秒)，实现一个水平的相对运动，这通过两个 cc.moveBy 方法配合 cc.sequence 即可。

目标 target 西瓜的旋转是通过 Animation 动画组件实现的，读者也可以通过 action 代码实现，方法如下。

（1）在 animation 目录中创建一个 targetRotate 动画文件，并添加到 Animation 组件的 Default Clip 和 Clips[0] 中，如图 16-10 所示。

图 16-10

（2）打开【动画编辑器】进入编辑模式，添加一个属性 angle，将 Sample 设置为 35， Speed 设置为 1，WarpMode 设置为 Loop（无限循环模式）。添加 2 个关键帧，如图 16-11 所示。将 0:00 的角度设置为 0，将 2:20 的角度设置为 −360。

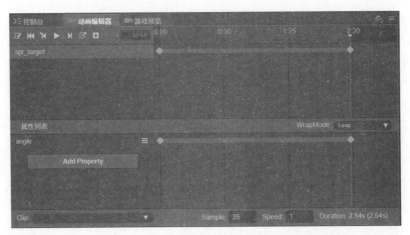

图 16-11

在最终的位置要将角度设置为负数 "-360"，而不是正数的 "360"。这是因为本游戏需要实现顺时针旋转，而 Cocos Creator 中的逆时针角度为正数，顺时针为负数，所以本案例设置为 "-360"，实现顺时针旋转。

（3）设置好之后，保存并退出编辑模式。

4. 飞刀预制体和逻辑代码

先创建玩家子弹，步骤如下。

（1）在 Canvas 节点下面创建 Sprite 节点，命名为 flyKnife，分组到 flyKnife。

（2）锚点设置为 (0.5, 1)，也就是图片的顶端且水平居中，方便后续飞刀坐标的设置。

（3）组件 Sprite 的 Sprite Frame 属性使用 fly.png 图片。

（4）添加 Animation 动画组件，并在 animation 目录中创建 gameFlyKnife 动画文件。进入动画文件的编辑模式，增加一个 y 属性，具体参数如图 16-12 所示。

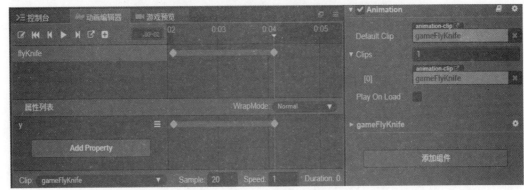

图 16-12

（5）添加 PolygonCollider 碰撞组件。因为飞刀的形状是不规则的，所以添加此多边形组件，将 Threshold 设置为 1，然后单击 Regenerate Points 按钮就可以自动生成碰撞点。生成的数据保存在 Points 中，Threshold 指明生成贴图轮廓顶点间的最小距离，值越大，则生成的点越少，可根据需求对其进行调节。

　　自动单击的碰撞区域，勾选 Editing 复选框即可，具体可以看飞刀周围的绿色点和绿色的线，如图 16-13 所示。

图 16-13

　　下面讲解逻辑代码，在 script 目录创建 JavaScript 脚本，命名为 gameFlyKnife。代码如下：

```
cc.Class({
    extends: cc.Component,

    properties: {
        particlePrefeb: cc.Prefab,          // 预制撞击击飞粒子资源

        // 飞刀撞到西瓜时的声音
        audio1: {
            default: null,
            type: cc.AudioClip
        },
        // 通过一关时的声音
        audio2: {
            default: null,
            type: cc.AudioClip
        },
        // 飞刀撞到飞刀后掉下来时的音效
        audio3: {
            default: null,
            type: cc.AudioClip
```

```
        },

        _target: cc.Node,        // 暂存 target 对象引用
        _gameScript: null,       // 暂存 Game 脚本对象的引用
        _gameBgNode: null,
    },

    onLoad() {
        this._gameBgNode = cc.find("Canvas/spr_game_bg");
        this._target = cc.find("spr_target", this._gameBgNode);
        this._gameScript = cc.find("Canvas").getComponent("game");
    },

    // 碰撞检测
    onCollisionEnter(other, self) {
        let otherNodeGroup = other.node.group;
        let selfNodeGroup = self.node.group;
        cc.warn(self.node.name, self.node.x, self.node.y, otherNodeGroup);
        if (otherNodeGroup === 'flyKnifeEnd'
            && selfNodeGroup === "flyKnife") {
            // 飞刀撞上飞刀时的处理函数 --- 游戏失败
            this.colliderFlyKnife(self);
            return;
        }
        // 如果发生碰撞的对象是西瓜 target 对象，通过函数 this.colliderTarget
// 将飞刀的父节点改为西瓜 target
        if (otherNodeGroup == 'target') {
            // 产生击飞粒子
            this.createColliderEffect();
            // 撞上西瓜时的处理函数
            this.colliderTarget(other);
        }
    },
    // 当飞刀成功插到西瓜上时，生成下一把飞刀
    setNextFlyKnife() {
            if (this._gameScript.flyKnifeAllNum > this._gameScript.
useFlyKnifeNum) {
            this._gameScript.createFlyKnife();
        } else {
            this.scheduleOnce(() => {
                // 通过一关时的播放声音
```

```javascript
            cc.audioEngine.play(this.audio2, false, 1);
        }, 0.1);

        // 开启下一关
        this.scheduleOnce(() => {
            this._gameScript.getNextStep();
        }, 0.4);
    }
},


// 碰触到西瓜时的处理函数
colliderTarget(other) {
    // 保存节点
    let newNode = this.node;
    // 然后去除原先的飞刀
    this.node.removeFromParent();
    // 生成下一个飞刀
    this.setNextFlyKnife();
    // 分数加 1 然后显示出来
    this._gameScript.score++;
    this._gameScript.showScore();
    // 播放撞击声音
    cc.audioEngine.play(this.audio1, false, 1);


    // 获得 target 旋转角度
    let angle = -other.node.angle;
    // 将角度转换为弧度
    let rotation = angle * 2 * Math.PI / 360;
    // 70 是飞刀的刀头部分（不算刀柄）刚刚插到西瓜内部,
    // 刀柄在西瓜皮的外面的值 —— 实验值
    let px = 70 * Math.sin(rotation);
    let py = 70 * -Math.cos(rotation);
    // 删除节点上的动画组件和碰撞组件
    newNode.removeComponent(cc.Animation);
    newNode.zIndex = -2;
    newNode.y = py;
    newNode.x = px;
    newNode.angle = angle;
    // 将当前飞刀的组更改
    newNode.group = 'flyKnifeEnd';
    // 将生成的飞刀放到当前游戏中西瓜上
```

```
                this._target.addChild(newNode);
        },

        // 当飞刀碰到飞刀时的处理函数 —— 游戏失败
            colliderFlyKnife() {
        // 获得画布的高度
        let cH = cc.winSize.height;
        // 不再产生飞刀，设置已用飞刀为最大值即可
            this._gameScript.useFlyKnifeNum = this._gameScript.
flyKnifeAllNum;
        // 删除碰撞组件
        this.node.removeComponent(cc.PolygonCollider);

        // 开启掉下来的动画
        // 1. 发出碰撞的声音
        cc.audioEngine.play(this.audio1, false, 1);
        // 2. 发出撞击飞刀的声音和掉下来的动作同时进行
        cc.audioEngine.play(this.audio3, false, 1)
        // 只对发起碰撞的飞刀进行处理，不对被碰撞的飞刀处理
        if (this.node.group == 'flyKnife') {
            // 将锚点改到中心点
            this.node.anchorX = 0.5;
            this.node.anchorY = 0.5;
            let spawn = cc.spawn(
                cc.moveBy(1, 30, -cH / 2 - 130),
                cc.rotateBy(2, 400),
            );
            this.node.runAction(spawn);
        }
        // 3. 游戏失败或重新开始当前局，这里简单地重新加载游戏场景
        // 读者朋友可以制作一个结算框界面
        console.log(' 游戏结束 ');
        this.scheduleOnce(() => {
            cc.director.loadScene('game');
        }, 2.3);
    },

    // 撞到西瓜时产生的炸裂效果
    createColliderEffect() {
        let effect = cc.instantiate(this.particlePrefeb);
        // 将粒子节点放到 game 节点下
```

```
        this._gameBgNode.addChild(effect);
        // 生成的位置
        effect.x = 0;
        effect.y = -56;
        let ranNum = Math.ceil(Math.random() * 3);
        // 激活抛物线动画
        let anim = effect.getComponent(cc.Animation);
        anim.play('effectR' + ranNum);
    },
});
```

这里重点介绍碰撞相关的算法。当扔出的飞刀和其他物体发生碰撞之后，会触发 onCollisionEnter(other, self) 生命周期函数。飞刀可以和西瓜碰撞，也可以和之前扔出的飞刀碰撞。如果和西瓜碰撞，就插入西瓜；如果和之前的刀（西瓜上的刀）碰撞，则游戏失败。已经插在西瓜上的飞刀属于 flyKnifeEnd 碰撞组，而刚刚扔出的飞刀属于 flyKnife，所以二者可以进行区分。

这里优先判断了飞刀和飞刀的碰撞，然后执行了 colliderFlyKnife() 函数，此函数主要是创建了飞刀落下的特效，然后重新加载了场景。

重点是飞刀和西瓜发生碰撞的算法函数 colliderTarget(other)，这里只要弄清楚新创建的飞刀节点 newNode 节点的角度 angle 和坐标 (x,y) 设置即可。然后通过数学中的归纳法求出新飞刀节点的 angle 角度，利用三角函数求出新飞刀节点的坐标 (x, y)。

由于新创建的飞刀节点是添加在 spr_target 西瓜节点上的，所以角度 angle 和坐标 (x, y) 就与 spr_target 节点有关，Cocos Creator 中 angle 属性值逆时针旋转为正值，顺时针为负值。

假设飞刀节点和 spr_target 的都未发生旋转，飞刀插入了西瓜，飞刀和西瓜的相对位置如图 16-14 所示。

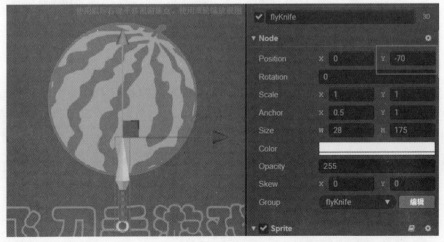

图 16-14

此时，飞刀插入西瓜的时候，y 坐标为 −70，也就是飞刀插入西瓜的最深处距离西瓜的中心点为 70，后续会用到这个值，在此请记住这个值。

如果西瓜 spr_target 顺时针旋转了 30°，即参数 spr_target.angle = -30，此时子节点 flyKnife 飞刀也会跟着顺时针旋转 30°。我们要实现的目标是飞刀的刀头方向始终朝向上方，所以飞刀需要回调 30°（相当于逆时针，上面介绍过，逆时针为正数），所以此时飞刀相对于父节点的角度为 flyKnife.angle = 30°。

通过上面的推演，我们可以得到结论：飞刀 flyKnife 的角度和西瓜 spr_target 的角度正好相反，数值相同，所以可以通过代码实现新飞刀节点 newNode 角度的赋值。

```
// 获得 target 旋转角度
let angle = -other.node.angle;
newNode.angle = angle;
```

下面利用数学中的三角函数知识计算 newNode 节点的坐标。由于 Cocos Creator 中的坐标是局部坐标，是相对于父节点 spr_target 的坐标。此时父节点 spr_target 已经发生了旋转(假设顺时针旋转了 30°)，具体如图 16-15 所示。

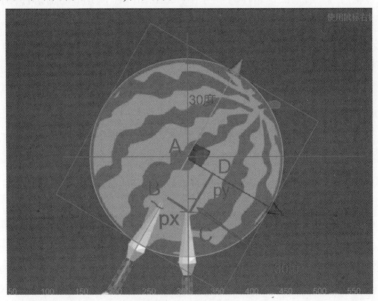

图 16-15

其中 ∠ACD = 30°，AC = 70，我们需要求的位置就是 C 点在父节点 spr_target 坐标系中的坐标值，假设 CD 长度 = py，BC 长度 = px，首先将角度转为弧度(高中数学知识)，才能利于三角函数计算，则

弧度值 rotation = $30 \times 2 \times \pi / 360 = 0.5236$

CD = AC × sin(0.5236) = 70 × 0.5 = 35

BC = AC × cos(0.5236) = 70 × 0.866 = 60.6

上面计算的 CD 和 BC 都是线段的长度，从图 16-15 中可知 px 为正数，py 为负数（假设旋转 30° 的情况），所以：

px = CD = 35

py = −BC = −60.6

转化为相应的程序伪代码如下：

```
// 获得 target 旋转角度
    let angle = -other.node.angle;
    // 将角度转换为弧度
    let rotation = angle * 2 * Math.PI / 360;
    // 70 是飞刀的刀头部分（不算刀柄）刚刚插入西瓜内部，刀柄在西瓜皮的外面的
    // 值 — 实验值
    let px = 70 * Math.sin(rotation);
    let py = 70 * -Math.cos(rotation);
    newNode.y = py;
    newNode.x = px;
    newNode.angle = angle;
```

到此为止，飞刀预制体完成，详细的参数配置可参考本章提供的游戏案例。

5. 游戏主逻辑 game

在 script 目录中创建 game.js 脚本，并将此脚本挂接到 Canvas 上。此脚本的功能主要负责游戏初始化，如使能物理碰撞系统，同时负责飞刀生成、分数显示、下方飞刀数显示、游戏节点单击事件监听、通过一关后生成下一关数据等功能。

相关的业务逻辑代码如下：

```
cc.Class({
    extends: cc.Component,

    properties: {
        flyKnife: cc.Prefab,    // 预制飞刀资源
        target: cc.Node,        // target 节点
        topLabel: cc.Label,     // 头部分数显示
        flyLabel: cc.Label,     // 底部飞刀数显示
        // 得分
        score: 0,
    },

    onLoad() {
```

```
    // 获得碰撞检测系统
    let colliderManager = cc.director.getCollisionManager();
    // 碰撞检测系统默认是禁用的, 需要自行开启
    colliderManager.enabled = true;
    // debug 绘制默认禁用, 需要自行开启
    // colliderManager.enabledDebugDraw = true;
    // 显示碰撞组件的包围盒
    // colliderManager.enabledDrawBoundingBox = true;

    // 场景切换动画
    this.node.opacity = 1;
    this.node.runAction(cc.fadeIn(1.5));
    this.gameInit();          // 游戏初始化
    this.createFlyKnife();        // 生成飞刀
    this.onClickGame();         // 监听 game 节点单击事件
},


// 生成飞刀
createFlyKnife() {
    // 从 Prefab 中实例化出飞刀节点
    let newFlyKnife = cc.instantiate(this.flyKnife);
    this.node.addChild(newFlyKnife);       // 将生成的飞刀放到当前游戏中
    this.flyKnifeAnim = newFlyKnife.getComponent(cc.Animation);
},


// 游戏初始化
gameInit() {
    // 飞刀总数, 使用随机数生成飞刀总数, 在 8~12
    this.flyKnifeAllNum = Math.floor(Math.random() * 5) + 8;
    // 已用飞刀数目
    this.useFlyKnifeNum = 0;
    this.showBomLabel();
},


// 通过一关后生成下一关
getNextStep() {
    // 重置飞刀数
    this.gameInit();
    // 将插在 target 上的飞刀全部清除
    this.target.removeAllChildren();
    // 生成一飞刀
```

```
            this.createFlyKnife();
        },


        // 监听游戏节点单击事件
        onClickGame() {
            // 使用触摸监听
            this.node.on('touchstart', (res) => {
                // 激活飞刀的动画
                // 判断是否还有未发出的飞刀
                if (this.useFlyKnifeNum >= this.flyKnifeAllNum) {
                    return;
                }
                // 已用飞刀数 +1
                this.useFlyKnifeNum++;
                this.flyKnifeAnim.play();
                this.showBomLabel();
            })
        },


        // 对下方飞刀数进行显示
        showBomLabel() {
            this.flyLabel.string = this.useFlyKnifeNum + ' / ' + this.
flyKnifeAllNum;
        },


        // 上方分数显示
        showScore() {
            this.topLabel.string = this.score;
        },
    });
```

如果要调试碰撞系统，可以删除 onLoad() 函数中关于碰撞的注释：

```
    // debug 绘制默认禁用，需要自行开启
    colliderManager.enabledDebugDraw = true;
    // 显示碰撞组件的包围盒
    colliderManager.enabledDrawBoundingBox = true;
```

6. 游戏运行

编写好了代码之后，使用浏览器查看运行效果，如图 16-16 所示。

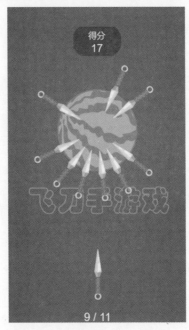

图 16-16

打开碰撞调试的运行效果如图 16-17 所示。

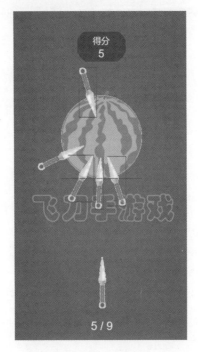

图 16-17

从图 16-17 中可以看到打开碰撞调试开关后的运行效果，图形的周围明显多了白色亮点和一个蓝色的框框，白色亮点就是有效碰撞区域，蓝色框表示碰撞组件的包围盒。

16.4　本章小结

本章介绍了流行的飞刀手游戏的实现过程。通过本章学习，应掌握如何使用 Cocos Creator 物理碰撞及其碰撞分组配对，使用编辑器调整碰撞区域和碰撞生命周期函数，预制体的创建和销毁，使用动画编辑器快速创建帧动画，数学知识应用在游戏中，如三角函数和归纳法。

感兴趣的读者可以完善本游戏，如在游戏成功或失败的时候，制作一个结算奖励或处罚界面。